网络安全战略丛书

网络安全管理

刘运席　主　编

電子工業出版社
Publishing House of Electronics Industry
北京 · BEIJING

内 容 简 介

本书共分 11 章，主要包括网络安全概论、网络安全等级保护的定级、物理和环境安全、网络和通信安全、设备和计算安全、应用和数据安全、安全建设管理、安全策略和管理制度、安全管理机构和人员、安全运维管理、法律法规汇编等。

本书既可作为机关和企事业单位从事网络安全管理的人员的自学和参考用书，也可作为高等院校网络安全相关专业的教学用书，或者作为社会培训机构的培训用书，是一本内容全面、实用性强、易教易学的有益读物。

图书在版编目（CIP）数据

网络安全管理 / 刘运席主编. —北京：电子工业出版社，2018.12

ISBN 978-7-121-34686-6

Ⅰ.①网… Ⅱ.①刘… Ⅲ.①计算机网络—网络安全 Ⅳ.①TP393.08

中国版本图书馆 CIP 数据核字（2018）第 147687 号

策划编辑：朱怀永
责任编辑：底　波
印　　刷：北京虎彩文化传播有限公司
装　　订：北京虎彩文化传播有限公司
出版发行：电子工业出版社
　　　　　北京市海淀区万寿路 173 信箱　邮编 100036
开　　本：787×980　1/16　　印张：15.50　　字数：390 千字
版　　次：2018 年 12 月第 1 版
印　　次：2024 年 1 月第 7 次印刷
定　　价：41.80 元

凡所购买电子工业出版社图书有缺损问题，请向购买书店调换。若书店售缺，请与本社发行部联系，联系及邮购电话：（010）88254888，88258888。

质量投诉请发邮件至 zlts@phei.com.cn，盗版侵权举报请发邮件至 dbqq@phei.com.cn。

本书咨询联系方式：（010）88254608 或 zhy@phei.com.cn。

本书编委会

主　编： 刘运席

副主编： 李姗姗　王　君　王　鹏　李志国　王　栋　谢　斌　张朝伦　梁馨文　刘　文

编　委： 侯　杰　韩利剑　王存祥　谢文赞　刘继京　赵　煜　王立春　檀吉波

FOREWORD 序

当前，网络空间和国家的发展、国家的安全以及国民的生活联系越来越紧密。信息化已深入人们工作、学习和生活的各个方面，深刻改变了人们的生活方式和生活习惯。网络空间已经成为广大人民共同的精神家园。网络空间天朗气清、生态良好，才能符合人民利益和精神追求。树立正确的网络安全观，加快构建网络安全保障体系，全天候、全方位感知网络安全态势，增强网络安全的防御能力和威慑能力，对建设网络强国意义重大。网络安全为人民，网络安全靠人民，维护网络安全是全社会共同责任已经是政府、企业、社会组织、广大网民的共识。而做好网络安全工作，从来不是一件容易的事情，需要广大人民共同地不懈努力。

我国网络安全法明确规定，“国家实行网络安全等级保护制度。”网络运营者应当按照网络安全等级保护制度的要求，“保障网络免受干扰、破坏或者未经授权的访问，防止网络数据泄露或者被窃取篡改”。而如何遵从我国法律法规，落实网络安全等级保护工作要求，提高工作效率、降低工作强度和压力，需要参考一些成功的经验和借鉴一些方法和理论上的指导。这也是许多网络的运营者、使用者迫切的需求。

本书编写组成员大都为网络安全管理和服务的一线工作者，他们深知做好网络安全工作的重要性，也经历过工作中因为缺乏基础知识和实践经验带来的困惑和难题。他们的经验总结对于广大网络安全从业者实践网络安全管理工作是非常宝贵的。

随着《中华人民共和国网络安全法》（以下简称《网络安全法》）的逐步深入实施，《关键信息基础设施安全保护条例》已经进入送审阶段；《网络安全等级保护条例（征求意见稿）》已经和大家见面；信息安全技术云计算服务安全指南系列标准（以下简称等保 2.0）在大力推进并陆续发布中，有效推动了网络运营者的信息系统合法、合规、合标的规范化。大家也越来越认识到等级保护工作的重要性，等级保护制度上升到法律要求层面后，已成为我们做好网络安全保障的一项基本工作。

本书以等保 2.0 为主线，以等级保护三级信息系统为案例，分别从管理和技术角度阐述了网络安全的主要安全风险、安全管理目标、安全保障要求和应实行的安全措施等。

本书的最大特点是将网络安全等级保护要求在技术和管理上有机地结合在一起，针对不同要求逐条分析。既比较系统完整地介绍了如何遵循法律法规进行管理，又尝试为读者解读如何执行等级保护的网络安全的相关技术标准，从而实现网络安全管理能力和技术水平两方面的提升。

信息化技术及应用的发展令人目不暇接，我国当前也正处于一个高速发展阶段，各方面要素都变化极快，书中涉及内容广泛，难以对所有的网络安全保护需求都做到滴水不漏，难免会有不妥或已经过时之处，希望大家在阅读时以与时俱进的态度分析汲取有益的经验和知识，相信本书会对大家的工作学习提供很好的帮助。

网络安全工作任重而道远，让我们不忘初心，牢记使命，砥砺前行，为构建健康和谐的网络环境，为将我们伟大的国家建设成网络强国而共同努力。

二〇一八年八月十五日

CONTENTS 目录

第1章 引言

纵观历史长河，互联网无疑是个新事物。站在现实的视角，互联网正成为新的引擎，放眼未来的发展，互联网必将播撒新希望。以互联网为代表的信息科技日新月异，引领了社会生产新变革，创造了人类生活新空间，拓展了国家治理新领域，极大提高了人类认识世界、改造世界的能力，也为中华民族带来了千载难逢的发展机遇。我们必须敏锐抓住信息化发展的历史机遇，重视互联网、发展互联网、治理互联网。然而，万事都有正反两面，在互联网如火如荼快速发展的同时，网络安全问题日渐突出，已经成为阻碍信息产业发展、影响经济社会稳定运行、损害人民群众财产和信息安全的重大问题。维护网络安全已经成为我国推进网络强国建设伟大进程中面临的重要现实课题。党的十八大以来，习近平总书记准确把握时代大势，积极回应实践要求，站在战略高度和长远角度指导网络安全和信息化工作，在多个场合发表有关我国网信工作发展的重要论述，为建设网络强国指明方向。

没有网络安全就没有国家安全，没有信息化就没有现代化。网络安全和信息化是关系国家安全、国家发展和广大人民群众工作生活的重大战略问题，要从国际国内大势出发，总体布局、统筹各方、创新发展，努力把我国建设成为网络强国。网络安全和信息化对国家很多领域都是牵一发而动全身的，要认清我们面临的形势和任务，充分认识做好工作的重要性和紧迫性，因势而谋，应势而动，顺势而为。网络安全和信息化是一体之两翼、驱动之双轮，必须统一谋划、统一部署、统一推进、统一实施。做好网络安全和信息化工作，要处理好安全和发展的关系，做到协调一致、齐头并进，以安全保发展、以发展促安全，努力建久安之势、成长治之业。

有鉴于此，全国上下已将网络安全和信息化工作提高到战略的高度，建设“网络强国”已成为中国梦的重要组成部分。做好网络安全工作，落实网络安全等级保护制度是起点，也是重中之重的基础工作；等级保护制度既是要求和指导，也是无数网络安全工作人员经验的积累，可以让我们少走弯路。网络安全等级保护制度是国家信息安全保障工作的基本制度、基本国策和基本方法，是促进信息化健康发展，维护国家安全、社会秩序和公共利益的根本保障。国家法规和系列政策文件明确规定，实现并完善网络安全等级保护制度，是统筹网络安全和信息化发展，完善国家网络安全保障体系，强化关键信息基础设施、重要信息系统和数据资源保护，提高网络综合治理能力，保障国家网络和信息安全的重要手段。

2017年6月1日《中华人民共和国网络安全法》正式实施，作为网络安全的基本法，对网络安全的定位和目标、管理体制机制、主要制度、监督管理等基本问题作出明确规定，有效化解了长期以来各部门工作缺乏统筹，工作存在交叉重复等问题。中央对国家网络安全工作的总体布局已经形成，即统一领导、统筹协调、分工负责的网络安全工作架构。从网络安全支持与促进、网络运行安全一般规定、关键信息基础设施的运行安全、网络信息安全、监测预警与应急处置五个方面，对网络安全有关事项进行了规定，勾勒了我国网络安全工作的轮廓：以关键信息基础设施保护为重心，强调落实运营者责任，注重保护个人权益，加强动态感知快速反应，以技术、产业、人才为保障，立体化地推进网络安全工作。

本书以网络安全等级保护 2.0 最新要求为依据，以网络安全等保三级系统为案例进行编写，从网络安全管理和技术角度详述了网络系统面临的主要安全风险、网络安全管理目标、网络安全保障要求和应对网络安全风险的技术措施，以期为从事网络安全相关领域工作的读者提供从理论方法到具体实践的参考和指导。

第 2 章 网络安全等级保护的定级

2.1 网络安全等级保护及发展历程

网络安全等级保护是指国家通过制定统一的安全等级保护管理规范和技术标准，组织公民、法人和其他组织对信息系统分等级实行安全保护，对等级保护工作的实施进行监督、管理。网络安全等级保护制度是国家在国民经济和社会信息化的发展过程中，提高信息安全保障能力和水平，维护国家安全、社会稳定和公共利益，保障和促进信息化建设健康发展的一项基本制度。实行网络安全等级保护制度，能够充分调动国家、公民、法人和其他组织的积极性，发挥各方面的作用，达到有效保护的目的，增强安全保护的整体性、针对性和实效性，使信息系统安全建设更加突出重点、统一规范、科学合理，对促进我国信息安全的发展将起到重要推动作用。

1994 年国务院颁布的《中华人民共和国计算机信息系统安全保护条例》规定，“计算机信息系统实行安全等级保护，安全等级的划分标准和安全等级保护的具体办法，由公安部会同有关部门制定”。1999 年 9 月 13 日国家发布《计算机信息系统安全保护等级划分准则》。2003 年中央办公厅、国务院办公厅转发《国家信息化领导小组关于加强信息安全保障工作的意见》（中办发［2003］27 号）明确指出，“要重点保护基础信息网络和关系国家安全、经济命脉、社会稳定等方面的重要信息系统，抓紧建立信息安全等级保护制度，制定信息安全等级保护的管理办法和技术指南”。2007 年 6 月，公安部、国家保密局、国家密码管理局、国务院信息化工作办公室发布了《信息安全等级保护管理办法》（公通字［2007］43 号），明确了信息安全等级保护的具体要求，需要履行信息安全等级保护的义务和责任。2008 年公布中华人民共和国国家标准 GB/T 22239—2008，即《信息系统安全等级保护基本要求》和《信息系统安全等级保护定级指南》等。《中华人民共和国网络安全法》是为保障国家网络安全，维护网络空间主权和国家安全、社会公共利益，保护公民、法人和其他组织的合法权益，促进网络安全和信息化健康发展而制定的法律，其中第二十一条明确要求国家实行网络安全等级保护制度。

图 2-1 所示为我国网络安全等级保护发展历程。

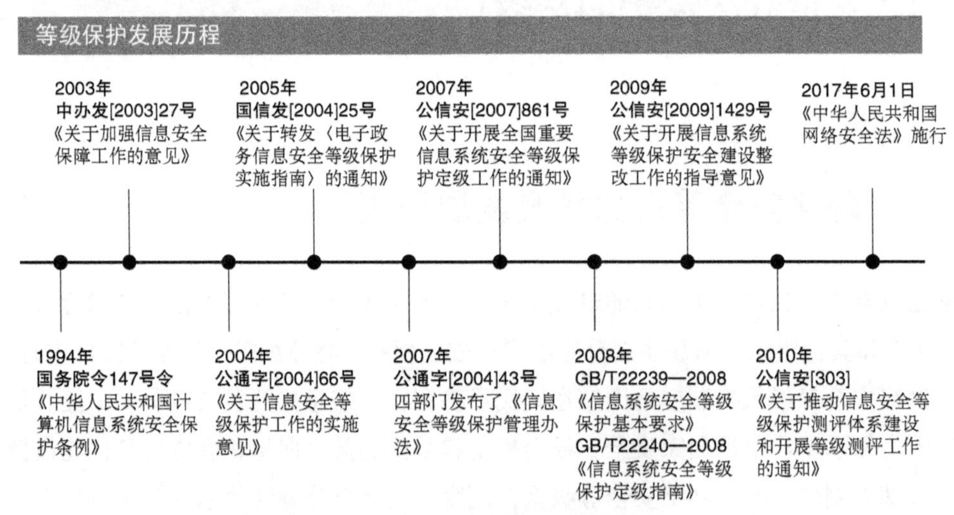

图 2-1　我国网络安全等级保护发展历程

2.2　网络安全定级的意义

保障信息安全、网络安全，维护国家安全、公共利益和社会稳定已成为信息化发展中迫切要解决的重大问题。网络安全等级保护制度是国家网络安全保障工作的基本制度，是开展信息安全工作的抓手，是网络安全管理工作的灵魂。开展网络安全等级保护工作是实现国家对重要信息系统、网络重点保护的重大措施，是促进信息化、维护国家信息安全的根本保障，是国家意志的重要体现，是指导开展网络安全的工作方法，也是一项事关国家安全、社会稳定、公共利益的基础性工作。开展网络安全等级保护工作，可以有效解决我国信息安全面临的威胁和存在的主要问题，有利于明确国家、法人和其他组织、公民的安全责任，加强网络安全管理，有效提高我国信息安全保障工作的整体水平。开展网络安全等级保护工作有利于为信息系统安全建设和管理提供系统性、针对性、可行性的指导和服务，有效控制信息安全建设成本。开展网络安全等级保护工作有利于优化信息安全资源的配置，重点保障基础信息网络和关系国家安全、经济命脉、社会稳定等方面的重要信息系统的安全，充分体现“适度安全、保护重点”的目的，将有限的财力、物力、人力投入到重要信息系统安全保护中，按标准建设安全保护措施，建立安全保护制度，落实安全责任。开展网络安全等级保护工作有利于推动信息安全产业的发展，逐步探索出一条适应社会主义市场经济发展和网络强国发展的信息安全模式。

2.3 网络安全定级的依据

1. 网络安全保护等级原则

信息系统定级工作应按照“自主定级、专家评审、主管部门审核、公安机关审查”的原则进行。定级工作的主要内容包括：确定定级对象、确定信息系统安全保护等级、组织专家评审、主管部门审核、公安机关审查。网络运营者和主管部门是网络安全等级保护的责任主体，根据所属信息系统的重要程度和遭到破坏后的危害程度，确定信息系统的安全保护等级。同时，按照所定等级，依照相应等级的管理规范和技术标准，建设网络安全保护设施，建立安全管理制度，落实安全责任，对信息系统进行保护。

在等级保护工作中，网络运营者和主管部门按照“谁主管谁负责，谁运营谁负责，谁使用谁负责”的原则开展工作，并接受信息安全监管部门对开展等级保护工作的监管。网络运营者和主管部门是信息系统安全的第一责任人，对所属信息系统安全负有直接责任；公安、保密、密码部门对网络运营者和主管部门开展等级保护工作进行监督、检查、指导，对重要信息系统安全负监管责任。由于重要信息系统的安全运行不仅影响本行业、本单位的生产和工作秩序，也会影响国家安全、社会稳定、公共利益，因此，国家必然要对重要信息系统的安全进行监管。

2. 网络安全保护等级划分

信息系统的安全保护等级应当根据信息系统在国家安全、经济建设、社会生活中的重要程度，遭到破坏后对国家安全、社会秩序、公共利益以及公民、法人和其他组织的合法权益的危害程度等因素确定。信息系统的安全保护等级分为五级，从第一级到第五级逐级增高。

（1）第一级，等级保护对象受到破坏后，会对公民、法人和其他组织的合法权益造成损害，但不损害国家安全、社会秩序和公共利益；

（2）第二级，等级保护对象受到破坏后，会对公民、法人和其他组织的合法权益产生严重损害，或者对社会秩序和公共利益造成损害，但不损害国家安全；

（3）第三级，等级保护对象受到破坏后，会对公民、法人和其他组织的合法权益产生特别严重损害，或者对社会秩序和公共利益造成严重损害，或者对国家安全造成损害；

（4）第四级，等级保护对象受到破坏后，会对社会秩序和公共利益造成特别严重损害，或者对国家安全造成严重损害；

（5）第五级，等级保护对象受到破坏后，会对国家安全造成特别严重损害。

信息系统运营、使用单位依据国家网络安全等级保护政策和相关技术标准对信息系统进行保护，国家信息安全监管部门对其网络安全等级保护工作进行监督管理。定级要素与信息系统安全保护等级的关系见表 2-1。

表 2-1　定级要素与安全保护等级的关系

<table>
<tr><th>等级</th><th>对象</th><th>侵害客体</th><th>侵害程度</th><th>监管强度</th></tr>
<tr><td>第一级</td><td rowspan="3">一般系统</td><td>合法权益</td><td>损害</td><td>自主保护</td></tr>
<tr><td rowspan="2">第二级</td><td>合法权益</td><td>严重损害</td><td rowspan="2">指导</td></tr>
<tr><td>社会秩序和公共利益</td><td>损害</td></tr>
<tr><td rowspan="2">第三级</td><td rowspan="4">重要系统</td><td>社会秩序和公共利益</td><td>严重损害</td><td rowspan="2">监督检查</td></tr>
<tr><td>国家安全</td><td>损害</td></tr>
<tr><td rowspan="2">第四级</td><td>社会秩序和公共利益</td><td>特别严重损害</td><td rowspan="2">强制监督检查</td></tr>
<tr><td>国家安全</td><td>严重损害</td></tr>
<tr><td>第五级</td><td>极端重要系统</td><td>国家安全</td><td>特别严重损害</td><td>专门监督检查</td></tr>
</table>

3. 定级要素

信息系统的安全保护等级由两个定级要素决定：等级保护对象受到破坏时所侵害的客体和对客体造成侵害的程度。

1）受侵害的客体

等级保护对象受到破坏时所侵害的客体包括以下三个方面：一是公民、法人和其他组织的合法权益；二是社会秩序、公共利益；三是国家安全。

2）对客体的侵害程度

对客体的侵害程度由客观方面的不同外在表现综合决定。由于对客体的侵害是通过对等级保护对象的破坏实现的，因此，对客体的侵害外在表现为对等级保护对象的破坏，通过危害方式、危害后果和危害程度加以描述。等级保护对象受到破坏后对客体造成侵害的程度有三种：一是造成一般损害；二是造成严重损害；三是造成特别严重损害。

4. 受侵害的客体

等级保护对象受到破坏时所侵害的客体包括以下三个方面：

（1）公民、法人和其他组织的合法权益；

（2）社会秩序、公共利益；

（3）国家安全。

侵害国家安全的事项包括以下方面：影响国家政权稳固和国防实力；影响国家统一、民族团结和社会安定；影响国家对外活动中的政治、经济利益；影响国家重要的安全保卫工作；影响国家经济竞争力和科技实力；其他影响国家安全的事项。

侵害社会秩序的事项包括以下方面：影响国家机关社会管理和公共服务的工作秩序；影响各种类型的经济活动秩序；影响各行业的科研、生产秩序；影响公众在法律约束和道德规范下的正常生活秩序等；其他影响社会秩序的事项。

侵害公共利益的事项包括以下方面：影响社会成员使用公共设施；影响社会成员获取公开信息资源；影响社会成员接受公共服务等方面；其他影响公共利益的事项。

侵害公民、法人和其他组织的合法权益，是指由法律确认的并受法律保护的公民、法人和其他组织所享有的一定的社会权力和利益等受到损害。

5. 对客体的侵害程度

对客体的侵害程度由客观方面的不同外在表现综合决定。由于对客体的侵害是通过对等级保护对象的破坏实现的，因此，对客体的侵害外在表现为对等级保护对象的破坏，通过危害方式、危害后果和危害程度加以描述。等级保护对象受到破坏后对客体造成侵害的程度归结为以下三种：

（1）造成一般损害；

（2）造成严重损害；

（3）造成特别严重损害。

三种侵害程度的描述如下。

一般损害：工作职能受到局部影响，业务能力有所降低但不影响主要功能的执行，出现较轻的法律问题、较低的财产损失、有限的社会不良影响，对其他组织和个人造成较低损害。

严重损害：工作职能受到严重影响，业务能力显著下降且严重影响主要功能执行，出现较严重的法律问题，较高的财产损失，较大范围的社会不良影响，对其他组织和个人造成较严重损害。

特别严重损害：工作职能受到特别严重影响或丧失行使能力，业务能力严重下降且或功能无法执行，出现极其严重的法律问题、极高的财产损失、大范围的社会不良影响，对其他组织和个人造成非常严重损害。

2.4 网络安全定级的流程

等级保护对象定级工作的一般流程为：运营方确定网络安全等级保护对象，初步确定保护对象等级，邀请相关专家评审，报主管部门审核，到公安机关备案审查，最终确定保护对象的安全等级，网络安全等级流程如图 2-2 所示。

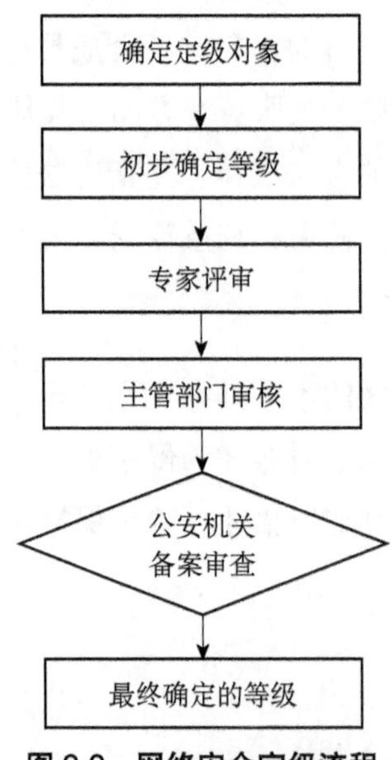

图 2-2 网络安全定级流程

信息系统定级是等级保护工作的首要环节和关键环节，是开展信息系统备案、建设整改、等级测评、监督检查等工作的重要基础。这里先明确一个概念，信息系统包括起支撑、传输作用的基础信息网络和各类应用系统。信息系统安全级别定级不准，系统备案、建设整改、等级测评等后续工作都会失去基础，信息系统安全就没有保证。定级工作可以按照下列步骤进行。

2.4.1　确定网络安全等级保护对象

在全国重要信息系统安全等级保护定级工作（以下简称“定级工作”）中，如何科学、合理地确定定级对象是最关键的问题。网络运营者或主管部门按如下原则确定定级对象。

一是将起支撑、传输作用的信息网络（包括专网、内网、外网、网管系统）作为定级对象。但不是将整个网络作为一个定级对象，而是要从安全管理和安全责任的角度将基础信息网络划分成若干个最小安全域或最小单元去定级。

二是对用于生产、调度、管理、作业、指挥、办公等目的的各类业务系统，要按照不同业务类别单独确定为定级对象，不以系统是否进行数据交换、是否独享设备为确定定级对象的条件。不能将某一类信息系统作为一个定级对象去定级。

三是将各单位网站作为独立的定级对象。如果网站的后台数据库管理系统安全级别高，也要作为独立的定级对象。网站上运行的信息系统（例如对社会服务的报名考试系统）也要作为独立的定级对象。

四是确认负责定级的单位是否对所定级系统负有业务主管责任。也就是说，业务部门应主导对业务信息系统定级，运维部门（例如信息中心、托管方）可以协助定级并按照业务部门的要求开展后续安全保护工作。

五是具有信息系统的基本要素。作为定级对象的信息系统应该是由相关的和配套的设备、设施按照一定的应用目标和规则组合而成的有形实体。应避免将某个单一的系统组件（如服务器、终端、网络设备等）作为定级对象。

1. 基础信息网络

对于电信网、广播电视传输网、互联网等基础信息网络，应分别依据服务类型、服务地域和安全责任主体等因素将其划分为不同的定级对象。跨省全国性业务专网可作为一个整体对象定级，也可以分区域划分为若干个定级对象。

2. 信息系统

1）工业控制系统

工业控制系统主要由生产管理层、现场设备层、现场控制层和过程监控层构成，其中生产管理层应单独定级，其划分应遵循信息系统定级划分方法。现场设备层、现场控制层和过程监控层应作为一个整体对象定级，各层次要素不单独定级。

2）云计算平台

在云计算环境中，应将云服务方侧的云计算平台单独作为定级对象定级，云租户侧的等级保护对象也应作为单独的定级对象定级。对于大型云计算平台，应将云计算基础设施和有关辅助服务系统划分为不同的定级对象。

3）物联网

物联网应作为一个整体对象定级，主要包括感知层、网络传输层和处理应用层等结构组成部分。

4）移动互联网

采用移动互联技术的等级保护对象应作为一个整体对象定级，主要包括移动终端、移动应用、无线网络以及相关应用系统等。

5）大数据

应将具有统一安全责任单位的大数据平台作为一个整体对象定级，或将其与责任主体相同的相关支撑平台统一定级。

6）其他信息系统

作为定级对象的其他信息系统应具有如下基本特征：

（1）具有确定的主要安全责任单位。作为定级对象的信息系统应能够明确其主要安全责任单位。

（2）承载相对独立的业务应用。作为定级对象的信息系统应承载相对独立的业务应用，完成不同业务目标或者支撑不同单位或不同部门职能的多个信息系统应划分为不同的定级对象。

（3）具有信息系统的基本要素。作为定级对象的信息系统应该是由相关的和配套的设备、设施按照一定的应用目标和规则组合而成的多资源集合，单一设备（如服务器、终端、网络设备等）不单独定级。

2.4.2　初步确定网络安全保护等级

1. 定级方法概述

网络安全等级保护定级对象的安全主要包括业务信息安全和系统服务安全。与之相关的受侵害客体和对客体的侵害程度可能不同，因此，安全保护等级应由业务信息安全和系统服务安全两方面确定。从业务信息安全角度反映的定级对象安全保护等级称为业务信息安全保护等级；从系统服务安全角度反映的定级对象安全保护等级称为系统服务安全保护等级。

定级方法如下。

1）确定受到破坏时所侵害的客体

（1）确定业务信息受到破坏时所侵害的客体。

（2）确定系统服务受到侵害时所侵害的客体。

2）确定对客体的侵害程度

（1）根据不同的受侵害客体，从多个方面综合评定业务信息安全被破坏对客体的侵害程度。

（2）根据不同的受侵害客体，从多个方面综合评定系统服务安全被破坏对客体的侵害程度。

3）确定安全保护等级

（1）确定业务信息安全保护等级。

（2）确定系统服务安全保护等级。

（3）将业务信息安全保护等级和系统服务安全保护等级的较高者初步确定为定级对象的安全保护等级。

对于大数据等定级对象，应综合考虑数据规模、数据价值等因素，根据其在国家安全、经济建设、社会生活中的重要程度，以及数据资源遭到破坏后对国家安全、社会秩序、公共利益以及公民、法人和其他组织的合法权益的危害程度等因素确定其安全保护等级。原则上大数据安全保护等级为第三级以上。

对于基础信息网络、云计算平台等定级对象，应根据其承载或将要承载的等级保护对象的重要程度确定其安全保护等级，原则上应不低于其承载的等级保护对象的安全保护等级。国家关键信息基础设施的安全保护等级应不低于第三级。

2. 确定受侵害的客体

定级对象受到破坏时所侵害的客体包括国家安全、社会秩序、公众利益以及公民、法人和其他组织的合法权益。

确定受侵害的客体时，应首先判断是否侵害国家安全，然后判断是否侵害社会秩序或公众利益，最后判断是否侵害公民、法人和其他组织的合法权益。

3. 确定对客体的侵害程度

在客观方面，对客体的侵害外在表现为对定级对象的破坏，其危害方式表现为对业务信息安全的破坏和对信息系统服务的破坏。其中，业务信息安全是指确保信息系统内信息的保密性、完整性和可用性等，系统服务安全是指确保定级对象可以及时、有效地提供服务，以完成预定的业务目标。由于业务信息安全和系统服务安全受到破坏所侵害的客体和对客体的侵害程度可能会有所不同，在定级过程中，需要分别处理这两种危害方式。

业务信息安全和系统服务安全受到破坏后，可能产生以下危害后果：影响行使工作职能；导致业务能力下降；引起法律纠纷；导致财产损失；造成社会不良影响；对其他组织和个人造成损失；其他影响。

侵害程度是客观方面的不同外在表现的综合体现，因此，应首先根据不同的受侵害客体、不同危害后果分别确定其危害程度。对不同危害后果确定其危害程度所采取的方法和所考虑的角度可能不同。例如，系统服务安全被破坏导致业务能力下降的程度可以从定级对象服务覆盖的区域范围、用户人数或业务量等不同方面确定；业务信息安全被破坏导致的财物损失可以从直接的资金损失大小、间接的信息恢复费用等方面进行确定。

在针对不同的受侵害客体进行侵害程度的判断时，应依据以下不同的判别基准：

如果受侵害客体是公民、法人或其他组织的合法权益，则以本人或本单位的总体利益作为判断侵害程度的基准；

如果受侵害客体是社会秩序、公共利益或国家安全，则应以整个行业或国家的总体利益作为判断侵害程度的基准。

业务信息安全和系统服务安全被破坏后对客体的侵害程度，由对不同危害结果的危害程度进行综合评定得出。由于各行业定级对象所处理的信息种类和系统服务特点各不相同，业务信息安全和系统服务安全受到破坏后关注的危害结果、危害程度的计算方式均可能不同，各行业可根据本行业信息特点和系统服务特点，制定危害程度的综合评定方法，并给出侵害不同客体造成一般损害、严重损害、特别严重损害的具体定义。

4. 确定网络安全保护等级

根据业务信息安全被破坏时所侵害的客体以及对相应客体的侵害程度，依据表 2-2 所列业务信息安全保护等级矩阵表，即可得到业务信息安全保护等级。

表 2-2　业务信息安全保护等级矩阵表

业务信息安全被破坏时所侵害的客体	对相应客体的侵害程度		
	一般损害	严重损害	特别严重损害
公民、法人和其他组织的合法权益	第一级	第二级	第三级
社会秩序、公共利益	第二级	第三级	第四级
国家安全	第三级	第四级	第五级

根据系统服务安全被破坏时所侵害的客体以及对相应客体的侵害程度，依据表 2-3 所列系统服务安全保护等级矩阵表，即可得到系统服务安全保护等级。

表 2-3　系统服务安全保护等级矩阵表

系统服务安全被破坏时所侵害的客体	对相应客体的侵害程度		
	一般损害	严重损害	特别严重损害
公民、法人和其他组织的合法权益	第一级	第二级	第三级
社会秩序、公共利益	第二级	第三级	第四级
国家安全	第三级	第四级	第五级

定级对象的安全保护等级由业务信息安全保护等级和系统服务安全保护等级的较高者决定。

2.4.3　专家评审

定级对象的运营、使用单位应组织信息安全专家和业务专家，对初步定级结果的合理性进行评审，出具专家评审意见。

2.4.4 主管部门审核

定级对象的运营、使用单位应将初步定级结果上报行业主管部门，由上级主管部门进行审核。

2.4.5 公安机关备案审查

定级对象的运营、使用单位应按照相关管理规定，将初步定级结果提交公安机关进行备案审查。审查不通过，其网络运营者应组织重新定级；审查通过后最终确定定级对象的安全保护等级。

2.4.6 等级变更

当等级保护对象所处理的信息、业务状态和系统服务范围发生变化，可能导致业务信息安全或系统服务安全受到破坏后的受侵害客体和对客体的侵害程度有较大的变化时，应根据标准要求重新确定定级对象和安全保护等级。

第3章 物理和环境安全

3.1 物理和环境安全风险

物理和环境安全的风险主要来源于自然环境灾害，人员访问控制失效，机房基础设施缺失导致的火灾、漏水、雷击和静电对设备电路的破坏，温湿度失调、设备失窃等安全事件，会影响网络、主机和业务的连续性，甚至导致业务数据丢失等。

3.2 物理和环境安全目标

物理和环境安全的目标是为机房选择一个合理的物理位置，最大程度上避开雷击多发区，爆炸、火灾、水灾隐患地点；在此基础上，为机房配置完善的基础设施，包括通过电子门禁控制人员的出入、配置自动告警和灭火的消防系统来确保火情可以及时地被发现和消除；机房环境控制要具备温湿度检测、漏水检测以及告警功能来保证运维人员可以及时发现机房温湿度失衡和空调漏水，配置双路冗余电路、UPS 电源以及柴油发电机等备用电力输出系统来保证机房电力供应的持续性，使机房内的设备可以在稳定的环境中运行，降低设备故障的概率，保障信息系统的业务连续性。

3.3 物理和环境安全要求

1. 物理位置选择要求

本项要求包括：

（1）机房场地应选择在具有防震、防风和防雨等能力的建筑内；

（2）机房场地应避免设在建筑物的顶层或地下室，否则应加强防水和防潮措施。

2. 物理访问控制要求

本项要求包括：

机房出入口应配置电子门禁系统，控制、鉴别和记录进入的人员。

3. 防盗窃和防破坏

本项要求包括：

（1）应对机房设备或主要部件进行固定，并设置明显的不易除去的标志；

（2）应将通信线缆铺设在隐蔽处，可铺设在地下或管道中；

（3）应设置机房防盗报警系统或设置有专人值守的视频监控系统。

4. 防雷击要求

本项要求包括：

（1）应将各类机柜、设施和设备等通过接地系统安全接地；

（2）应采取措施防止感应雷，例如设置防雷保安器或过压保护装置等。

5. 防火要求

本项要求包括：

（1）应设置火灾自动消防系统，能够自动检测火情、自动报警，并自动灭火；

（2）机房及相关的工作房间和辅助房间应采用具有耐火等级的建筑材料；

（3）应对机房进行划分区域管理，区域和区域之间设置隔离防火措施。

6. 防水和防潮要求

本项要求包括：

（1）应采取措施防止雨水通过机房窗户、屋顶和墙壁渗透；

（2）应采取措施防止机房内水蒸气结露和地下积水的转移与渗透；

（3）应安装对水敏感的检测仪表或元件，对机房进行防水检测和报警。

7. 防静电要求

本项要求包括：

（1）应安装防静电地板并采用必要的接地防静电措施；

（2）应采用措施防止静电的产生，例如采用静电消除器、佩戴防静电手环等。

8. 温、湿度控制要求

机房应设置温、湿度自动调节设施，使机房温、湿度的变化在设备运行所允许的范围之内。

9. 电力供应要求

本项要求包括：

（1）应在机房供电线路上配置稳压器和过电压防护设备；

（2）应提供短期的备用电力供应，至少满足设备在断电情况下的正常运行要求；

（3）应设置冗余或并行的电力电缆线路为计算机系统供电。

10. 电磁防护要求

本项要求包括：

（1）电源线和通信线缆应隔离铺设，避免互相干扰；

（2）应对关键设备实施电磁屏蔽。

11. 云计算的物理和环境安全要求

本项要求包括：

（1）确保云计算服务器、承载云租户账户信息、鉴别信息、系统信息及运行关键业务和数据的物理设备均位于中国境内；

（2）IDC 应具有国家相关部门颁发的 IDC 运营资质。

12. 移动互联的物理和环境安全要求

本项要求包括：

应为无线接入设备的安装选择合理位置，避免过度覆盖。

3.4　物理和环境安全措施

1. 物理位置安全措施

存储在机房的重要信息系统的设备应避免严重震动（特别是磁盘阵列），需要在一个相对密闭的环境中运行。因此，机房应该选择建设在具备防震、防风和防雨能力的建筑内，应避免将机房部署在建筑物的顶层或地下室，以防顶层漏水、地下室雨水倒灌或地下水渗透。如果不得已将机房部署在以上位置的，应当加强防水和防潮措施：部署在顶层的应特别加强房顶的防水处理，部署在地下室的在加强防水处理的同时应在机房出入口处设置1～2层防水挡板并常备应急防水沙袋。

2. 物理访问控制安全措施

机房出入口是进行物理访问控制的第一道屏障，也是最重要的一道屏障。机房出入口应配置电子门禁系统（见图3-1），控制、鉴别和记录进入的人员。电子门禁系统另一个重要的用途是对进入的人员进行记录，一旦发生网络安全事件，可以进行事件追溯，其日志记录应保存6个月以上。

图3-1　电子门禁系统

3. 防盗和防破坏安全措施

机房的设备或主要部件应当固定在机架上，并且在显著位置张贴不易除去的资产标志或标签，防止外来人员将机房内的设备带出机房；通信线缆应铺设在隐僻处或难以触及的位置，可铺设在地下或管道中；应设置机房防盗报警系统或设置有专人值守的视频监控系统（见图 3-2 和图 3-3），并在非工作时段启用自动报警，实时展示报警区域的视频监控图像。视频监控文件保存 6 个月以上。

图 3-2 视频监控防盗防破坏

图 3-3 红外入侵监测告警

4. 防雷击安全措施

应当在机房内设置接地系统，并将各类机柜、设施和设备等通过接地系统安全接地；由于高强度雷击会使放电范围内 1 千米的闭环电路产生感应雷，因此应在电路中部署防止感应雷电破坏计算机信息系统的保安装置，以防止由电源线侵入的感应雷电破坏计算机设备。

5. 防火安全措施

机房内应设置火灾自动消防系统，通过烟感或红外检测自动发现火情，自动报警并启动灭火程序。机房及相关的工作房间等应采用如图 3-4 所示的防火地板、防火天花板、防火墙板和防火涂层，避免木质结构等易燃物质裸露；另外，应对机房划分区域进行管理，区域和区域之间设置隔离防火措施。

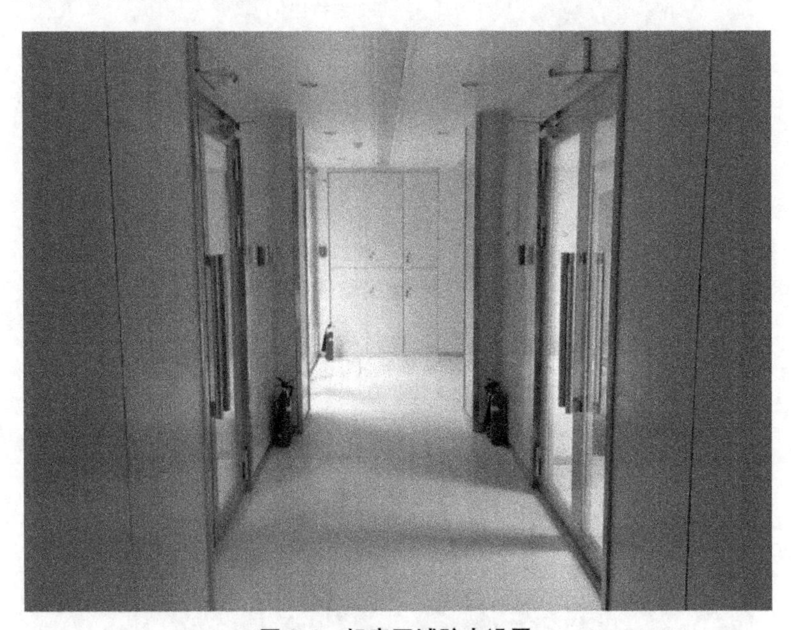

图 3-4　机房区域防火设置

6. 防水和防潮安全措施

机房应当做好防水处理，防止雨水通过窗户、屋顶和墙壁渗透；应通过温、湿度控制和冷热风道设计等措施防止机房内水蒸气结露，并合理处理地下积水；应安装对水敏感的检测仪表或元件，对机房进行防水检测和报警。

7. 防静电安全措施

应铺设防静电地板，将机柜和重要设备连接至接地系统，采用防静电措施；另外，还应采用措施防止静电的产生，使用静电消除器消除静电或佩戴防静电手环。

8. 温、湿度控制安全措施

机房应设置温度、湿度自动调节设施（见图 3-5），使机房温、湿度的变化在设备运行所允许的范围之内。对于使用设置精密空调控制机房内的温湿度的，按照 GB 50174—2017《数据中心设计规范》执行，详见表 3-1。

图 3-5　精密空调控制温湿度

表 3-1　机房温度和湿度控制规范

项目	温度和湿度要求	其他
冷通道或机柜进风区域的温度	18～27℃	不得结露
冷通道或机柜进风区域的相对湿度和露点温度	露点温度 5.5～15℃，同时相对湿度不大于 60%	
主机房环境温度和相对湿度（停机时）	5～45℃，8%～80%，同时露点温度不大于 27℃	
主机房和辅助区温度变化率	使用磁带驱动时<5℃/h 使用磁盘驱动时<20℃/h	
辅助区温度、相对湿度（开机时）	18～28℃，35%～75%	
辅助区温度、相对湿度（停机时）	5～35℃，20%～80%	
不间断电源系统电池室温度	20～30℃	

9. 电力供应安全措施

通常，设备开关机、线路短路、电源切换等情况下可能会引起浪涌，即产生超出正常工作电压的瞬间过电压，因此需要在供电线路上配置稳压器和过电防压护设备，一般机房PDU电源都具备防浪涌的功能；应设置至少两路电力电缆线路提供电力供应，并根据机房设备功率和实际情况配置UPS（见图3-6）或柴油发电机等短期的备用电力供应，以满足设备在断电情况下的正常运行要求。

图3-6 UPS备用电力供应

10. 电磁防护安全措施

机房内的电源线和通信线缆应隔离铺设，避免互相干扰；应对关键设备实施电磁屏蔽。比如：电源线（强电）可铺设在防静电地板下的线槽内，通信线缆（弱电）可铺设在上桥架内，如图3-7所示。

此外，计算机、通信机等电子设备在正常工作时会产生一定强度的电磁波，该电磁波可能会被专用设备所接收，以窃取其内容，因此关键设备需要进行电磁屏蔽，使用专门的电磁屏蔽机柜和屏蔽网线。

图 3-7　弱电上桥架走线

11. 云计算的物理和环境安全

云计算平台是指采用了云计算技术的信息系统，一般由设施、硬件、资源抽象控制层、虚拟化计算资源、软件平台和应用软件等组成，如图 3-8 所示。一般来说，基础设施及服务（IaaS）、平台及服务（PaaS）和软件及服务（SaaS）是三种基本的云计算服务模式。

在基础设施及服务模式下，云计算平台由设施、硬件、资源抽象控制层组成；在平台及服务模式下，云计算平台包括设施、硬件、资源抽象控制层、虚拟化计算资源和软件平台；在软件及服务模式下，云计算平台包括设施、硬件、资源抽象控制层、虚拟化计算资源、软件平台和应用软件。

这三种基本的云计算服务模式都有共同的三个组件：设施、硬件和资源抽象控制。物理和环境安全保护即是对设施和硬件的安全保护，三种不同的服务模式对物理和环境安全的要求是一致的。云计算的物理与环境安全要求是确保云计算基础设施和硬件位于中国境内。

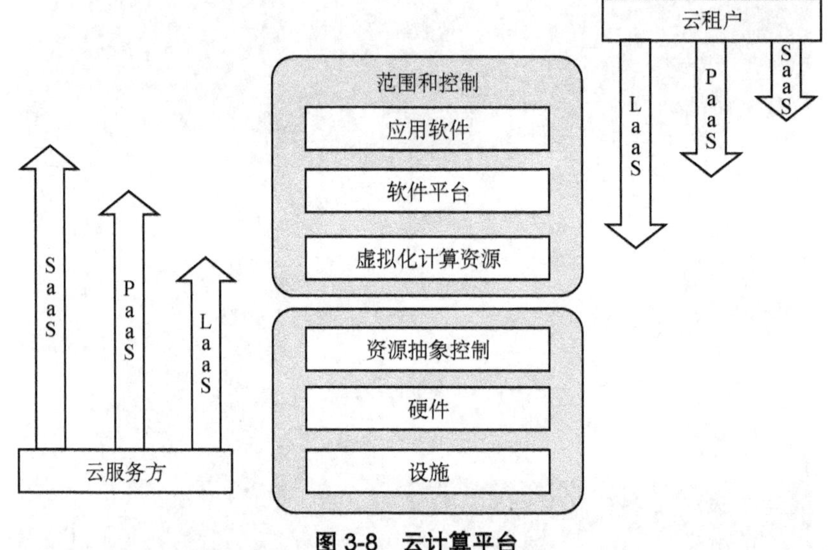

图 3-8　云计算平台

12. 移动互联的物理和环境安全措施

采用移动互联技术的等级保护对象由移动端、移动应用和无线网络三部分组成。移动端（通常指移动通用终端和专用终端）通过无线信道连接无线接入设备并访问服务器，并通过移动终端管理系统的服务端软件向客户端软件发送移动设备管理、移动应用管理和移动内容管理策略对移动端进行安全管理。涉及的物理与环境安全事项是，应为无线接入设备的安装选择合理位置，避免过度覆盖和电磁干扰。

第4章 网络和通信安全

4.1 网络和通信安全风险

网络和通信安全风险来源主要从网络和安全设备硬件、软件以及网络通信协议三个方面来识别。网络和安全设备作为网络通信基础设施，其硬件性能、可靠性，以及网络架构设计在一定程度上决定了数据传输的效率。带宽或硬件性能不足会带来延迟过高、服务稳定性差等风险，也更容易因拒绝服务攻击导致业务中断等严重影响；架构设计的不合理，如设备单点故障，可能会造成严重的可用性问题。交换机、路由器、防火墙等网络基础设施及其本身运行软件也会存在一定的设计缺陷，安全风险主要有数据库系统漏洞、操作系统漏洞和应用系统编码漏洞等，从而导致此类设备在运行期间极易受到黑客的攻击。网络通信协议带来的风险更多地体现在协议层设计缺陷方面，虽然事件发生的可能性较低，但是缺陷一旦被安全研究人员披露，特别是安全通信协议，可能会对网络安全造成严重影响。

4.2 网络和通信安全目标

信息系统网络建设以维护用户网络活动的保密性、网络数据传输的完整性和应用系统可用性为基本目标。在网络架构安全层面上，应对网络划分安全域，为各区域分配不同的网络地址，对不同的安全域采取不同等级的保护措施，对重要网络区域设置边界防护措施，架构设计应考虑业务高峰时期网络承载力，并提供通信线路、关键网络设备的硬件冗余，保证系统的可用性。在传输通路层面上，应采用加密及校验码技术确保数据的完整性和保密性。在边界防护层面上，应保证跨越边界的访问和数据流通过边界防护设备提供的受控接口进行通信，应能对非授权设备私自连接到内部网络或是内部用户非授权连接外网进行限制、检查或阻断，防止数据泄露。在网络设备层面上，应在各网络区域之间根据访问控制策略设置访问控制规则，从而对非授权用户访问进行阻断。在入侵防范层面上，应能及时探知非法入侵事件，并能实施防护，防止因非法用户侵入造成的系统破坏。在恶意代码的防范层面上，应能具备保护系统免受病毒等恶意代码攻击的能力，确保系统正常运行，防止用户信息泄露。在安全审计层面上，应对非法访问事件做跟踪记录，保存日志文件，为取证提供事后日志分析支持。在集中管控层面上，应建立安全的信息传输通道，划分特定管理区域，对网络链路、安全设备、网络设备和服务器等的运行状况进行集中监测，对安全策略、恶意代码、补丁升级等安全相关事项进行集中管理，对网络中发生的各类安全事件进行识别、报警和分析处置。

4.3 网络和通信安全要求

1. 网络架构要求

本项要求包括：

（1）应保证网络设备的业务处理能力满足业务高峰期需要；

（2）应保证网络各个部分的带宽满足业务高峰期需要；

（3）应划分不同的网络区域，并按照方便管理和控制的原则为各网络区域分配地址；

（4）应避免将重要网络区域部署在网络边界处且没有边界防护措施；

（5）应提供通信线路、关键网络设备的硬件冗余，保证系统的可用性。

2. 通信传输要求

本项要求包括：

（1）应采用校验码技术或加解密技术保证通信过程中数据的完整性；

（2）应采用加解密技术保证通信过程中敏感信息字段或整个报文的保密性。

3. 边界防护要求

本项要求包括：

（1）应保证跨越边界的访问和数据流通过边界防护设备提供的受控接口进行通信；

（2）应能够对非授权设备私自连接到内部网络的行为进行限制或检查；

（3）应能够对内部非授权用户连接到外部网络的行为进行限制或检查；

（4）应限制无线网络的使用，确保无线网络通过受控的边界防护设备接入内部网络。

4. 访问控制要求

本项要求包括：

（1）应在网络边界或区域之间根据访问控制策略设置访问控制规则，默认情况下除允许通信外，受控接口拒绝所有通信；

（2）应删除多余或无效的访问控制规则，优化访问控制列表，并保证访问控制规则数量最小化；

（3）应对源地址、目的地址、源端口、目的端口和协议等进行检查，以允许/拒绝数据包进出；

（4）应能根据会话状态信息为进出数据流提供明确的允许/拒绝访问的功能，控制粒度为端口级；

（5）应在关键网络节点处对进出网络的信息内容进行过滤，实现对内容的访问控制。

5. 入侵防范要求

本项要求包括：

（1）应在关键网络节点处检测、防止或限制从外部发起的网络攻击行为；

（2）应在关键网络节点处检测、防止或限制从内部发起的网络攻击行为；

（3）应采取技术措施对网络行为进行分析，实现对网络攻击特别是未知的新型网络攻击的检测和分析；

（4）当检测到攻击行为时，记录攻击源 IP、攻击类型、攻击目的、攻击时间，在发生严重入侵事件时应提供报警。

6. 恶意代码防范要求

本项要求包括：

（1）应在关键网络节点处对恶意代码进行检测和清除，并维护恶意代码防护机制的升级和更新；

（2）应在关键网络节点处对垃圾邮件进行检测和防护，并维护垃圾邮件防护机制的升级和更新。

7. 安全审计要求

本项要求包括：

（1）应在网络边界、重要网络节点进行安全审计，审计覆盖到每个用户，对重要的用户行为和重要安全事件进行审计；

（2）审计记录应包括事件的日期和时间、用户、事件类型、事件是否成功及其他与审计相关的信息；

（3）应对审计记录进行保护，定期备份，避免受到未预期的删除、修改或覆盖等；

（4）审计记录产生时的时间应由系统范围内唯一确定的时钟产生，以确保审计分析的正确性，确保审计记录的留存时间符合法律法规要求；

（5）应能对远程访问的用户行为、访问互联网的用户行为等单独行为进行审计和数据分析。

8. 集中管控要求

本项要求包括：

（1）应划分出特定的管理区域，对分布在网络中的安全设备或安全组件进行管控；

（2）应能够建立一条安全的信息传输路径，对网络中的安全设备或安全组件进行管理；

（3）应对网络链路、安全设备、网络设备和服务器等的运行状况进行集中监测；

（4）应对分散在各个设备上的审计数据进行收集汇总和集中分析；

（5）应对安全策略、恶意代码、补丁升级等安全相关事项进行集中管理；

（6）应能对网络中发生的各类安全事件进行识别、报警和分析。

4.4 网络和通信安全措施

4.4.1 网络架构安全措施

网络信息系统规划、建设伊始，就应统筹规划系统网络架构，绘制出满足业务需求的网络拓扑图，并按照业务需要合理划分网络区域，确定网络边界，降低系统风险。

网络架构是指对由计算机软硬件、互联设备等构成的网络结构和部署，用以确保可靠地进行信息传输，满足业务需要。网络架构设计是为了实现不同物理位置的计算机网络的互通，将网络中的计算机平台、应用软件、网络软件、互联设备等网络元素有机连接，使网络能满足用户的需要。一般网络架构的设计以满足业务需要，实现高性能、高可靠、稳定安全、易扩展、易管理维护的网络为衡量标准。

网络架构安全是指在进行网络信息系统规划和建设时，依据用户的具体安全需求，利用各种安全技术，部署不同安全设备，通过不同的安全机制、安全配置、安全部署，规划和设计相应的网络架构。网络架构安全措施应考虑以下问题。

（1）信息系统建设方案论证初期，就应对网络设备做出合理选型，结合业务系统的实际需要，确定符合建设目标要求的设备基础技术参数，以保证网络设备的业务处理能力满足业务高峰期需要。

（2）合理划分网络安全区域，按照不同区域的不同功能和安全要求，将网络划分为不同的安全域，以便实施不同的安全策略。

（3）规划网络 IP 地址，制定网络 IP 地址分配策略，制定网络设备的路由和交换策略。IP 地址规划可根据具体情况采取静态分配地址、动态分配地址、设计 NAT 措施等，路由和交换策略则在相应的主干路由器、核心交换设备以及共享交换设备上进行。

（4）设计网络线路和网络重要设备冗余措施，采用不同电信运营商的通信线路，相互备份确保网络畅通，制定网络系统和数据的备份策略，具体措施包括设计网络冗余线路、部署网络冗余路由和交换设备、部署负载均衡系统、部署系统和数据备份等，确保系统的可用性。

（5）在网络边界部署安全设备，规划设备具体部署位置和控制措施，维护网络安全。首先，明确网络安全防护策略，规划、部署网络数据流检测和控制的安全设备，具体可根据需要部署入侵监测/防御系统、网络防病毒系统、抗 DDoS 系统等。其次，还应部署网络安全审计系统，制定网络和系统审计安全策略，具体措施包括设置操作系统日志及审计措施、设计应用程序日志及审计措施等。

（6）规划网络远程接入安全，保障远程用户安全地接入网络中，可设计远程安全接入系统，部署 IPSec、SSL VPN 等安全通信设备。

4.4.2　通信传输安全措施

1. 通信完整性

通信完整性是指通过校验码技术或加解密技术以保证通信过程中数据的完整性。比如，利用 CRC 校验码来进行数据完整性校验。

根据应用系统对于安全的要求不同，在某些特殊情况下，要保证数据在传输过程中不被篡改，还需运用散列函数（如 MD5、SHA 和 MAC）进行数据完整性校验。通信完整性保护除了使用加密算法对数据进行加密之外，更主要的是在通信通道层面建立起安全的传输通路，如虚拟专用网络（Virtual Private Network，VPN）。通过建立一个安全隧道，并采用数字加密技术（如 MD5 技术）对传输数据进行加密以确保数据安全，接收方则通过解密和校验对数据进行还原。

（1）技术层面。通信数据的完整性通常使用数字签名或散列函数对密文进行保护。

（2）管理层面。通信数据完整性是一项系统工程，需要各个方面协调管理，一整套科学的管理体系要比任何一种安全防护软件都重要，也更能保护数据信息的安全与完整。

（3）法律层面。随着通信数据安全问题日益凸显，法律防范显得十分重要和紧迫。它不仅可以更有力地打击计算机犯罪，还可以使得打击行为变得有法可依，更是保护知识产权、数据安全、内部信息、个人隐私的有效途径。

2. 通信保密性

通信保密性是采用加解密技术保证通信过程中敏感信息字段或整个报文的保密性，以保证通信的安全。包含以下两部分要求：

（1）初始化验证。采用数字签名等技术建立通信连接之前，先进行会话初始化验证。

（2）通信过程加密。通信过程中的整个报文或会话应进行加密处理，以保证通信过程中的信息安全，防止造成信息泄露。

系统建设过程中常用的工具有 IPsec VPN 技术和 SSL VPN 技术等，这些技术已经将一些经典的加密算法（如 RSA 和 DES 等）运用在相关的设备中了。VPN 技术（其网络拓扑示意图见图 4-1）通过建立了一条安全隧道，既保证了通信完整性，也保证了通信保密性。其他一些技术措施，如 IP 地址、MAC 地址绑定等，可根据系统建设的具体要求而实施。下面简要介绍下 IPsec VPN 和 SSL VPN。

IPsec VPN 即指采用 IPsec 协议来实现远程接入的一种 VPN 技术，是解决远程用户安全地访问系统数据的技术。部署 IPsec VPN，需要对网络基础设施进行较大程度的改造，通常在客户端还需要配合安装客户端软件，故而成本比较高。而当需要对 VPN 策略进行修改时，其关联难度也较大。此项技术是基于底层基础设施的，其优点是安全程度高。

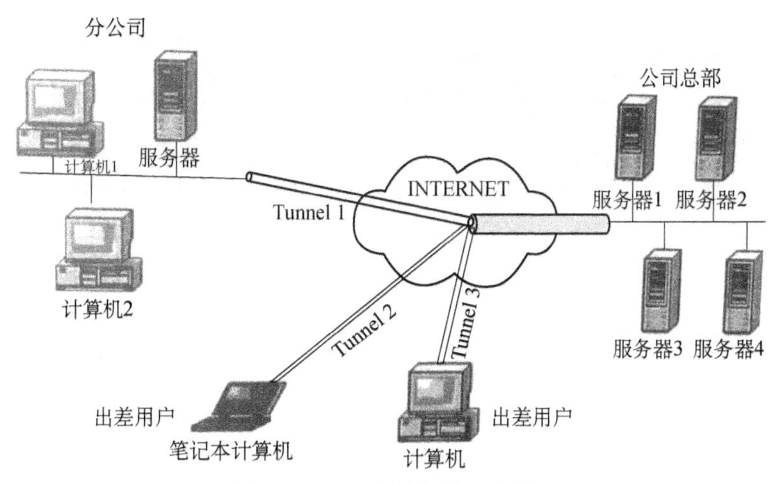

图 4-1　VPN 网络拓扑示意图

安全套接层（Secure Sockets Layer，SSL）VPN 是解决远程用户访问敏感数据的安全技术。与 IPsec VPN 相比，SSL VPN 通过简单易用的方法实现信息远程连通。任何安装浏览器的计算机都可以使用 SSL VPN，这是因为 SSL VPN 内嵌在浏览器中，它不需要跟 IPsec VPN 一样必须为每一台计算机安装客户端软件，通过浏览器、SSL 加密协议就可以实现对数据信息的安全访问，但其安全性没有 IPsec 高。SSL 现在已被广泛应用于 Web 浏览器与服务器之间的身份认证和加密数据传输。SSL 协议位于 TCP/IP 协议与各种应用层协议之间，可为数据通信提供安全支持。

4.4.3　边界防护安全措施

1. 阻断非授权设备连入内网

长时间以来，我们采用内外网物理隔离的方式阻断非授权设备连入内网，但是随着科技不断进步以及网络安全形势的日趋严峻，这种方式已经不是最为安全可靠的了。合法的内外网用户随意篡改网络访问权限、未授权终端设备随意接入网络、未授权无线设备接入网络等网络安全事件时有发生，导致信息泄露。因此，必须加强边界防护措施以确保内网安全。相关的技术手段主要有 IP/MAC 地址绑定、网络接入控制、关闭网络设备端口等。

1）IP/MAC 地址绑定

IP/MAC 地址绑定可以在一定程度上防止外部人员非法盗用 IP 地址冒充内部人员接入

网络，从而阻断非授权设备接入内网。但是，简单地绑定 IP 和 MAC 地址是不能完全地解决 IP 盗用问题的，当前常用也是最有效的解决方法就是在 IP/MAC 绑定的基础上，再把交换机端口绑定进去，即 IP/MAC/PORT 三者绑定在一起。这也就对交换机端口管理提出了更高的要求，在布线时应该把用户墙上的接线盒和交换机的端口一一对应，并做好登记工作，然后把用户 MAC 地址填入对应的交换机端口，再和 IP 一起绑定，从而达到 IP/MAC/PORT 的三者绑定。即使盗用者拥有这个 IP 对应的 MAC 地址，但是不可能同样拥有墙上的端口，从物理通道上隔离盗用者。

2）网络接入控制

网络接入控制并非通过增加额外的安全功能来达到保护系统的目的，它实质上是通过使防火墙设置、杀毒软件病毒特征库和系统补丁等都保持在最新的状态从而创造一个相对安全的内网环境。

网络接入控制的类型主要有基于硬件的网络接入控制、基于代理的网络接入控制、无代理的网络接入控制和动态网络接入控制。

（1）基于硬件的网络接入控制。这种形式的网络接入控制通常是在交换机上游增加一台网络接入控制设备来实现的，但该设备的串接同时也增加了单点故障发生的概率。这种方式的缺点是显而易见的，既会增大整个信息系统建设项目投资，又会使得整个网络变得庞大，通信可见性低，管理难度增加。

（2）基于代理的网络接入控制。这种形式的网络接入控制是基于 C/S 架构，通过安装管理端和客户端应用程序来实现的。客户端应用程序只运行在客户端后台，定期向管理端服务器发送更新。这种方式引起的中断最少，适用于中大型网络通信环境，既可以提高网络安全性，又可以减轻网络管理人员的工作量，是较为理想的选择。其缺点是网络控制依赖管理端和客户端，一旦其中一方被强行卸载，则会失去网络接入控制功能。

（3）无代理的网络接入控制。这种形式的网络接入控制不需要安装任何管理端、客户端应用程序，它是通过将端点的漏洞扫描等结果发送给服务器来实现控制的。其缺点是不能提供一个一致的方法来评估端点状态，而且每次进入网络前的端点扫描也会在一定程度上增加网络系统的负担。

（4）动态网络接入控制。它将代理安装在可信赖的系统中，安全防护功能被强制开启，当未授权终端试图访问该网络时，代理首先限制其网络通信，对该终端进行诊断和身份验证，从而达到维护网络安全的目的。采用这种网络接入方式既可以实现代理网络接入控制安全性高的优点，又不需要在每一个终端安装代理软件，是较为理想的选择。

3）关闭网络设备端口

网络设备的端口有物理意义上的端口和逻辑意义上的端口两类。物理意义上的端口一般是指交换机、路由器等设备与其他网络设备连接的物理接口。逻辑意义上的端口一般是指 TCP/IP 中已经被相关组织定义好的业务端口。在一个应用系统中，这些接口往往不会同时被使用到，在不使用时会对网络系统造成一定的安全隐患，有被黑客扫描捕获并加以利用的风险，因以应该根据业务需要尽可能地关闭网络设备未使用的物理端口和逻辑端口，从而降低网络安全风险。

2. 阻断内部用户私自连接到外网

安全性需求比较高的单位通常会采用物理隔离的方法来切断内外网的连接，保护内网信息安全。但这种方式无法阻拦内网终端计算机通过拨号上网、即插即用的互联网接入设备或是无线接入设备等接入外网，一旦接入外网，病毒、木马等会趁机进入内网，安全隐患增加，严重威胁到内网信息安全和系统稳定运行，物理隔离的方式也失去效果。

非法外连行为是由人为因素造成的，具体表现为：内外网终端计算机交叉错接内外网线，内网计算机通过普通电话线拨号上网、无线网卡连接等方式非法接入互联网、笔记本电脑内外网混用等。阻断内部用户私自连接到外网的方法主要有关闭未使用的端口和采用非法外连监控产品等。关闭未使用的端口通常是采用关闭红外、USB 接口、蓝牙等可以外接或外连功能，并通过在内网服务器端和客户端安装接口监控软件来实现对终端计算机非法外连的监控、报警和处置。

3. 确保无线网络通过受控的边界防护接入内部网络

无线网络，既包括允许用户建立远距离无线连接的数据网络，也包括为近距离无线连接进行优化的无线技术及射频技术，无线网络技术主要包括 IEEE802.11、Hiper2.LAN2、HomeRF、蓝牙等。但无线网络存在的容易侵入、非法的 AP、未经授权使用服务、地址欺骗和会话拦截、流量分析与流量侦听、高级入侵等问题，严重危害了无线网络的安全性。一般采用用户密码验证、扩展频谱技术、数据加密、端口访问控制技术等来提高无线网络安全性。

4.4.4　访问控制安全措施

访问控制（Access Control）定义：信息系统根据用户身份及预先设定的权限，限制用户使用数据资源权限的控制方法，控制用户对服务器、目录、文件等网络资源的访问。访问控制技术是确保信息系统保密性、完整性、可用性和用户对数据资源合法使用性的重要基础，是网络安全防范和网络资源保护的关键策略之一，也是主体依据预先设定的控制策略或权限对客体本身进行的授权访问控制。访问控制的主要目的是限制访问主体对客体的访问，从而保障数据资源在合法范围内得以有效使用和管理。

访问控制主要用于防止非法主体访问受保护的资源，或防止合法主体访问未授权的资源。访问控制首先需要对用户身份的合法性进行验证，同时利用控制策略进行管理。当用户身份和访问权限验证之后，还需要对越权操作进行监控。因此，访问控制的内容包括认证、控制策略实现和安全审计。

（1）认证。包括主体对客体的识别及客体对主体的检验确认。

（2）控制策略。通过合理地设定控制规则集合，确保用户对信息资源在授权范围内的合法使用。既要确保授权用户的合理使用，又要防止非法用户侵权进入系统，导致重要信息资源泄露。对合法用户，也不能越权行使权限以外的功能及访问范围。

（3）安全审计。系统可以自动根据用户的访问权限，对计算机网络环境下的有关活动或行为进行系统地、独立地检查验证，并做出相应评价与审计。

1. 访问控制安全策略

不同安全级别的网络之间要进行互联互通和信息传递，就必须在网络边界建立可靠的安全防御措施。安全访问策略从总体上来讲可以概括为：允许高级别的安全域访问低级别的安全域，限制低级别的安全域访问高级别的安全域。访问控制安全策略原则集中在主体、客体和安全控制规则三者之间的关系。

最小特权原则。按照主体所需最小权力原则授权给主体权力，最大限度地限制主体实施授权行为，可避免用户错误操作等意外情况的发生。

最小泄露原则。主体执行任务时，按其所需最小信息进行权限分配，以防信息泄密。

多级安全策略。主体和客体之间的数据流向和权限控制，按照安全级别的绝密（TS）、机密（C）、秘密（S）、限制（RS）和无级别（U）5 级来划分，避免敏感信息扩散。具有安全级别的信息资源，只有高于安全级别的主体才可访问。

访问控制的安全策略有三种类型：基于身份的安全策略、基于规则的安全策略和综合访问控制策略。

1）基于身份的安全策略

基于身份的安全策略主要是过滤主体对数据或资源的访问。只有通过认证的主体才可以正常使用客体的资源。这种安全策略包括基于个人的安全策略和基于组的安全策略。

① 基于个人的安全策略。是以用户个人为中心建立的策略，主要由一些控制列表组成。这些列表针对特定的客体，限定了不同用户所能实现的不同安全策略的操作行为。

② 基于组的安全策略。基于个人策略的发展与扩充，主要指系统对一些具有相同策略的用户组使用同样的访问控制规则，可授权访问同样的客体。

2）基于规则的安全策略

在基于规则的安全策略系统中，所有数据和资源都标注了安全标志，用户的活动进程与其原发者具有相同的安全标志。系统通过比较用户的安全级别和客体资源的安全级别，判断是否允许用户进行访问。这种安全策略一般具有依赖性与敏感性。

3）综合访问控制策略

综合访问控制策略（HAC）继承和吸取了多种主流访问控制技术的优点，有效地解决了信息安全领域的访问控制问题，保护了数据的保密性和完整性，保证授权主体能访问客体和拒绝非授权访问。综合访问控制策略具有良好的灵活性、可维护性、可管理性、更细粒度的访问控制性和更高的安全性。综合访问控制策略主要包括 8 个方面：入网访问控制、网络权限限制、目录级安全控制、属性安全控制、网络服务器安全控制、网络监测和锁定控制、网络端口和节点的安全控制、防火墙控制。

（1）入网访问控制

入网访问控制是网络访问的第一层访问控制。对用户可规定所能登录到的服务器及获取的网络资源，控制准许用户入网的时间和登录入网的工作站点。用户的入网访问控制分为用户名和口令的识别与验证、用户账号的默认限制检查两种类型。该用户若有任何一个环节检查未通过，就无法登录网络进行访问。

（2）网络的权限控制

网络的权限控制是防止网络非法操作而采取的一种安全保护措施。用户对网络资源的访问权限通常用一个访问控制列表来描述。

网络权限控制可根据以下 3 种情况来区分用户。

特殊用户：具有系统管理权限的系统管理员等。

一般用户：系统管理员根据实际需要而分配到一定操作权限的用户。

审计用户：专门负责审计网络的安全控制与资源使用情况的人员。

（3）目录级安全控制

目录级安全控制主要是为了控制用户对目录、文件和设备的访问，或指定对目录下的子目录和文件的使用权限。用户在目录一级制定的权限对所有目录下的文件有效，还可进一步指定子目录的权限。在网络和操作系统中，常见的目录和文件访问权限有：系统管理员权限（Supervisor）、读权限（Read）、写权限（Write）、创建权限（Create）、删除权限（Erase）、修改权限（Modify）、文件查找权限（File Scan）、控制权限（Access Control）等。一个网络系统管理员应为用户分配适当的访问权限，以控制用户对服务器资源的访问，进一步强化网络和服务器的安全。

（4）属性安全控制

属性安全控制可将特定的属性与网络服务器的文件及目录网络设备相关联，在权限安全的基础上，对属性安全提供更进一步的安全控制。网络上的资源都应先标识其安全属性，再将用户对应的网络资源访问权限存入访问控制列表中，记录用户对网络资源的访问能力，以便进行访问控制。

属性配置的权限包括：向某个文件写数据、复制文件、删除目录或文件、查看目录和文件、执行文件、隐含文件、共享、系统属性等。安全属性可以保护重要的目录和文件，防止用户越权对目录和文件的查看、删除和修改等操作。

（5）网络服务器安全控制

网络服务器安全控制允许通过服务器控制台执行的安全控制操作包括：用户利用控制台装载和卸载操作模块、安装和删除软件等。操作网络服务器的安全控制还包括设置口令锁定服务器控制台，主要是防止非法用户修改、删除重要信息。另外，系统管理员还可通过设定服务器的登录时间限制、非法访问者检测，以及关闭的时间间隔等措施，对网络服务器进行全方位安全控制。

（6）网络监控和锁定控制

网络服务器自动记录用户对网络资源的访问，如有非法的网络访问，服务器将以图形、文字或声音等形式向网络管理员报警，以便引起警觉并进行审查。对试图登录的网络者，网络服务器将自动记录企图登录网络的次数，当非法访问的次数达到设定值时，就会将该用户的账户自动锁定并记录。

（7）网络端口和节点的安全控制

网络中服务器的端口常用自动回复器、静默调制解调器等安全设施进行保护，并以加密的形式来识别节点的身份。自动回复器主要用于防范假冒合法用户，静默调制解调器用于防范黑客利用自动拨号程序进行网络攻击。还应经常对服务器端和用户端进行安全控制，如通过验证器检测用户真实身份，用户端和服务器再进行相互验证。

（8）防火墙访问控制

防火墙实际上是一种隔离技术，它位于内部网和外部网之间，通过执行访问控制策略来保护网络的安全，其部署示意图如图 4-2。

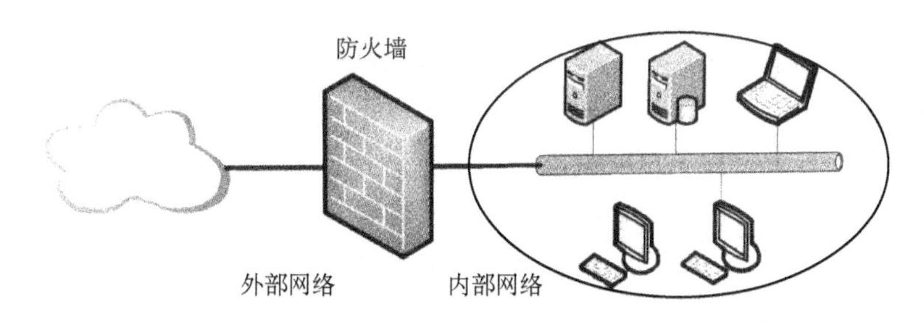

图 4-2　防火墙部署示意图

按照技术分类，防火墙可分为网络级防火墙（包括包过滤防火墙）、应用级防火墙、电路级网关、状态检测防火墙和下一代防火墙等。

① 网络级防火墙。网络级防火墙一般是根据数据包的 IP 地址、TCP/UDP 和端口做出信息通过与否的判断。一台简单的路由器就是一个“传统”的网络级防火墙，但因为其决策依据信息的简易性，它并不能判断出一个 IP 包的来源和去向以及包的实际含义。现代网络级防火墙在这一方面有了很大的改进，它可以保留通过的连接状态和一些数据流的内部信息，通过比较所要判断的信息和防火墙规则表，来决定信息是否可以通过。

网络级防火墙的优点是易于配置、处理速度较快和对用户透明；缺点是不能防范黑客攻击，不能处理新的安全威胁，同时因为其只检查 IP 地址、协议和端口，故不能很好地支持应用层协议，访问控制粒度太粗糙。

② 应用级防火墙。应用级防火墙一般是指不允许在其连接的网络间直接通信而运行代理服务器程序的主机，它可以通过防火墙复制传递数据，防止网络内部的用户与外部的服务器直接进行通信。应用级防火墙能够提供较为复杂的访问控制策略和较为详细的审核报

告，故其安全性比网络级防火墙要高。但有的应用级防火墙缺乏“透明度”，而且设置了应用级防火墙后，可能会对性能有一些影响，效率不如网络级防火墙。

③ 电路级网关。电路级网关又称为线路级网关，它工作在会话层，可通过监控受信任的客户或服务器与不受信任的主机间的 TCP 握手信息，来判定该会话请求是否合法。若会话连接合法，则网关将只对数据进行复制、传递操作，而不再进行过滤操作。电路级网关还可起代理服务器的作用，将公司内部 IP 地址映射到一个由防火墙使用的“安全”的 IP 地址上，实现防火墙内外计算机系统的隔离。电路级网关防火墙的优势在于其安全性比较高，且易于精确控制，但该网关工作在会话层，无法检查应用层的数据包以消除应用层攻击的威胁。

④ 状态检测防火墙。状态检测防火墙是传统包过滤防火墙的功能扩展，它通过网络层上的检测模块对网络通信的各层实施监测，并从截获的数据中抽取与应用层状态相关的信息，将其保存起来为以后的安全决策提供依据。状态检测防火墙在防火墙的核心部分建立了状态链接表，利用状态链接表来监控进出网络的数据。防火墙在对数据包进行检查时，不仅要查看其规则检查表，还需要判断数据包是否符合其所处的状态。状态检测防火墙很好地规范了网络层和传输层的行为。状态检测防火墙具有良好的安全性和扩展性，且性能高效，不仅支持基于 TCP 的应用，而且可以监测远程过程调用（Remote Procedure Call，RPC）和用户数据报协议（User Datagram Protocol，UDP）之类的端口信息，有很广的应用范围。但其配置非常复杂，而且会降低网络的速度。

⑤ 下一代防火墙。下一代防火墙（Next Generation Firewall，NGFW）是一款可以全面应对应用层威胁的高性能防火墙。通过深入洞察网络流量中的用户、应用和内容，并借助全新的高性能单路径异构并行处理引擎，NGFW 能够为用户提供有效的应用层一体化安全防护，帮助用户安全地开展业务并简化用户的网络安全架构。下一代防火墙需具有下列基本属性：支持在线 BITW（线缆中的块）配置，同时不会干扰网络运行；可作为网络流量检测与网络安全策略执行的平台；具有数据包过滤、网络地址转换（NAT）、协议状态检查以及 VPN 功能等；集成式而非托管式网络入侵防御支持基于漏洞的签名与基于威胁的签名。

在下一代防火墙中，互相关联作用的是防火墙而非由操作人员在控制台制定和执行安全策略。高质量的集成式 IPS 引擎与签名也是下一代防火墙的主要特性。支持新信息流与新技术的集成路径升级，以应对未来出现的各种威胁。

按照架构分类，防火墙可以分为筛选路由器、双宿主主机、屏蔽主机、屏蔽子网以及其他类型。

① 筛选路由器。也称为包过滤路由器、网络层防火墙、IP 过滤器或筛选过滤器，内外网之间可直接建立连接，如图 4-3 所示。筛选路由器通过对进出数据包的 IP 地址、端口、传输层协议以及报文类型等参数进行分析，决定数据包过滤规则。

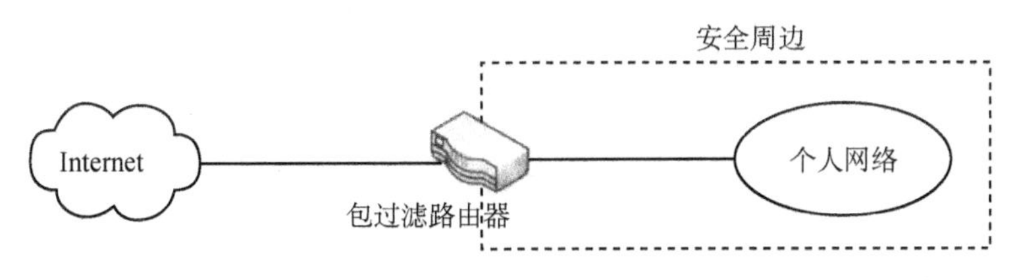

图 4-3　筛选路由器连接

② 双宿主主机。双宿主主机结构是围绕着至少具有两个网络接口的双宿主主机（又称堡垒主机）而构成的，如图 4-4 所示。双宿主主机内外的网络均可与双宿主主机进行通信，但内外网络之间不可直接通信，内外网络之间的 IP 数据流被双宿主主机完全切断。

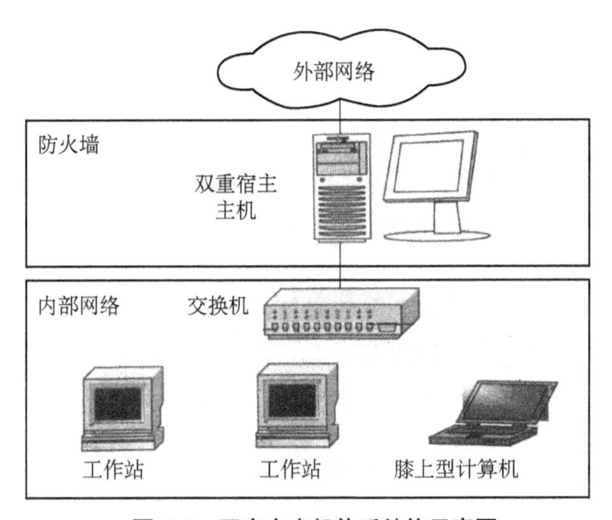

图 4-4　双宿主主机体系结构示意图

③ 屏蔽主机。屏蔽主机防火墙由内部网络和外部网络之间的一台过滤路由器和一台堡垒主机构成，其体系结构示意图如图 4-5 所示。屏蔽主机防火墙的特点是：外部网络对内部网络的访问必须通过堡垒主机上提供的相应的代理服务器进行；而内部网络到外部网络的出站连接可以采用不同的策略，或者必须经过堡垒主机连接外部网络，或者允许某些应用绕过堡垒主机，直接和外部网络建立连接。

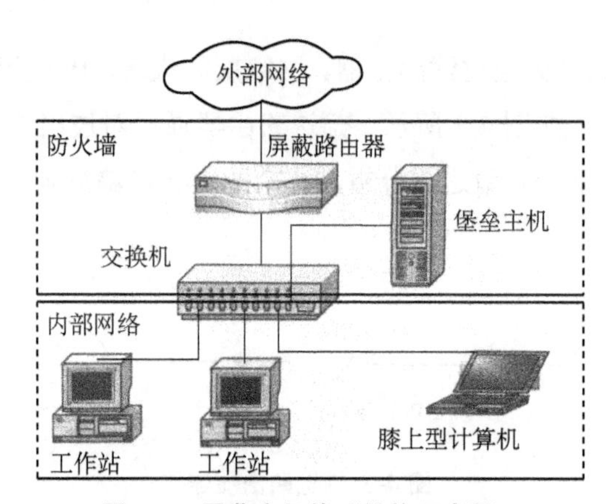

图 4-5　屏蔽主机体系结构示意图

④ 屏蔽子网。屏蔽子网就是在内部网络和外部网络之间建立一个被隔离的子网，用两台分组过滤路由器，将这一子网分别与内部网络和外部网络分开，其体系结构示意图如图 4-6 所示。内部网络和外部网络之间不能直接通信，但是都可以访问这个新建立的隔离子网，该隔离子网也被称为非军事区（Demilitarized Zone，DMZ），用来放置 Web、电子邮件等应用系统。

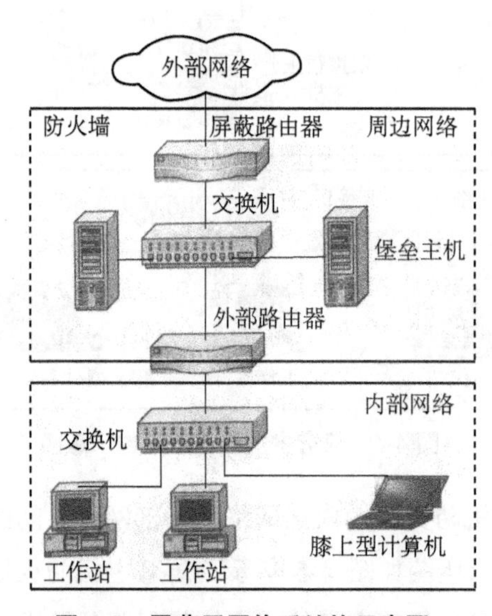

图 4-6　屏蔽子网体系结构示意图

⑤ 其他结构。一般是上述几种结构的变形，主要包括一个堡垒主机和一个 DMZ、两个堡垒主机和两个 DMZ、两个堡垒主机和一个 DMZ 等，目的是通过设定过滤和代理的层

次使得检测层次增多从而增加安全性。

4.4.5　入侵防范安全措施

基于入侵检测技术的入侵防范系统，是防火墙的合理补充，可以进一步保障信息系统的安全。入侵检测技术是为保证信息系统的安全而设计和配置的一种能够及时发现并报告系统中未授权操作或异常现象的技术，它通过数据的采集与分析，实现对入侵行为的检测。入侵检测系统（Intrusion Detection System，IDS）是入侵检测过程的软件和硬件的组合，能检测、识别和隔离入侵企图，它不仅能监视网上的访问活动，还能对正在发生的攻击行为进行报警。IDS 工作流程示意图如图 4-7 所示。

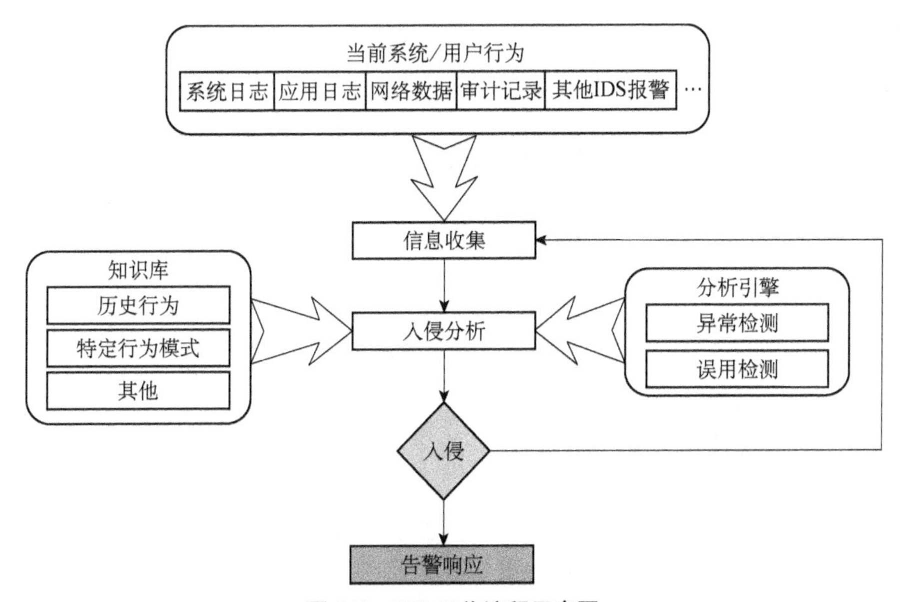

图 4-7　IDS 工作流程示意图

IDS 的主要功能包括：检测并分析用户和系统的活动，核查系统配置和漏洞，评估系统关键资源和数据文件的完整性，识别已知的攻击行为，统计分析异常行为，对操作系统进行日志管理，识别违反安全策略的用户活动，对已发现的攻击行为做出适当的反应，如报警、中止进程等。

根据检测数据来源的不同，入侵检测系统可分为基于主机的入侵检测系统（Host-based

Intrusion Detection System，HIDS）和基于网络的入侵检测系统（Network Intrusion Detection System，NIDS）两类。

1. 基于主机的入侵检测系统

主机能自动进行检测，且能准确及时地做出响应。HIDS 监视与分析系统、事件和安全记录。例如，当有文件发生变化时，HIDS 将新的记录条目与攻击标志相比较，看其是否匹配，如果匹配系统就会向管理员报警。在 HIDS 中，对关键的系统文件和可执行文件的入侵检测是主要内容之一，通常进行定期检查和校验，以便发现异常变化。大多数 HIDS 产品（其部署示意图见图 4-8）都监听端口的活动，在特定端口被访问时向管理员报警。HIDS 可以检测到基于网络的入侵检测系统察觉不到的攻击，例如来自服务器键盘的攻击不经过网络，所以可以躲开基于网络的入侵检测系统。

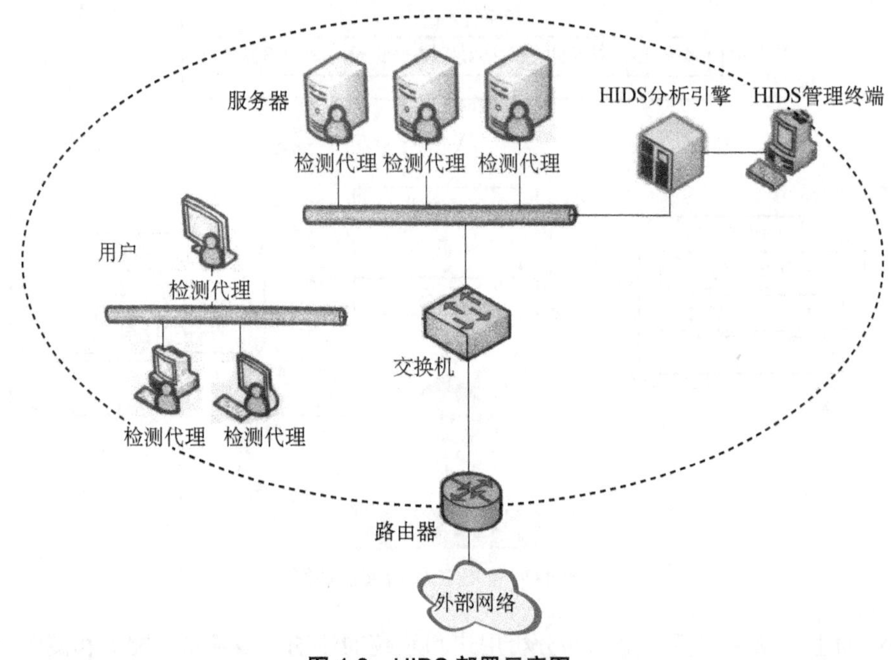

图 4-8　HIDS 部署示意图

2. 基于网络的入侵检测系统

基于网络的入侵检测系统用原始的网络包作为数据源，它将网络数据中检测主机的网卡设为混杂模式，该主机实时接收和分析网络中流动的数据包，从而检测是否存在入侵行为。NIDS 通常利用一个运行在随机模式下的网络适配器来实时检测并分析通过网络的所有通信业务，其部署示意图如图 4-9 所示。

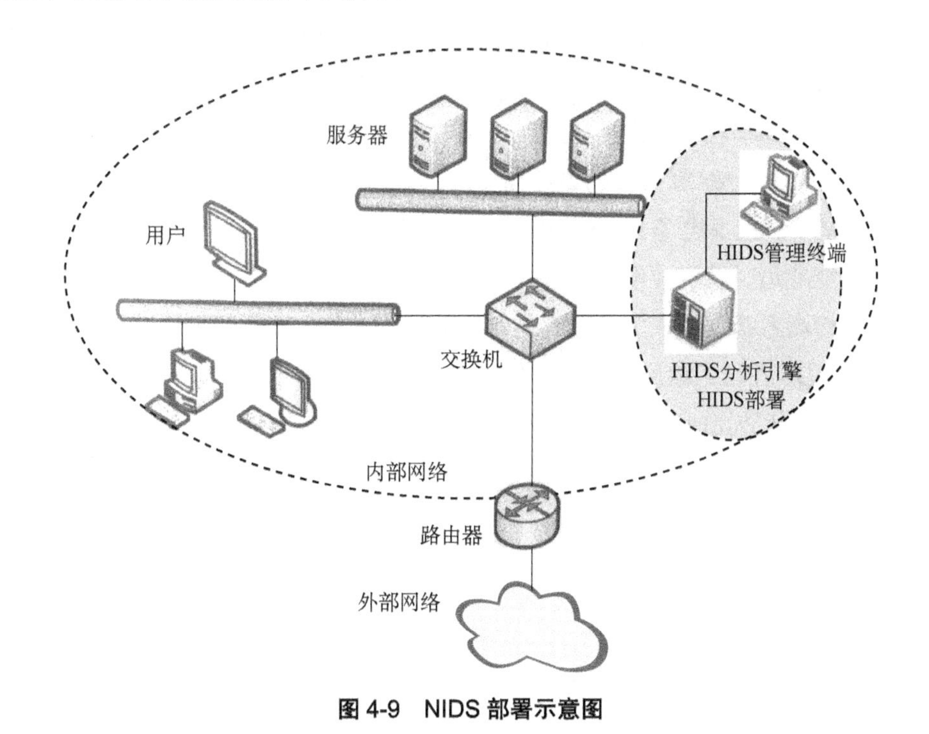

图 4-9 NIDS 部署示意图

3. HIDS 与 NIDS 的区别

HIDS 将探头（代理）安装在受保护信息系统中，它要求与操作系统内核和服务紧密捆绑在一起，监控各种系统事件，如对内核或 API 的调用，以此来防御攻击并对这些事件做日志记录；还可以监测特定的系统文件和可执行文件调用，以及 Windows NT 下的安全记录和 UNIX 环境下的系统记录。对于特别设定的关键文件和文件夹也可以进行适时轮询的监控。HIDS 能对检测到的入侵行为、事件给予积极的反应，比如断开连接、封掉用户账号、杀死进程、提交警报等等。如果某用户在系统中植入了一个未知的木马病毒，可能所有的杀病毒软件、IDS 等的病毒库、攻击库中都没有记载，但只要这个木马程序开始工作，如提升用户权限、非法修改系统文件、调用被监控文件和文件夹等，就会立即被 HIDS 发现，并采取杀死进程、封掉账号，甚至断开网络连接。现在某些 HIDS 吸取了部分网管、访问控制等方面的技术，能够很好地与系统，甚至系统上的应用紧密结合。HIDS 技术要求非常高，而且安装在主机上的探头（代理）必须非常可靠，系统占用小，自身安全性要好，否则将会对系统产生负面影响。HIDS 关注的是到达主机的各种安全威胁，并不关注网络的安全。

NIDS 则是以网络包作为分析数据源。它通常利用一个工作在混杂模式下的网卡来实时监视并分析通过网络的数据流，其分析模块通常使用模式匹配、统计分析等技术来识别攻击行为。一旦检测到了攻击行为，IDS 的响应模块就做出适当的响应，比如报警、切断相关用户的网络连接等。NIDS 收集的是网络中的动态流量信息，因此，攻击特征库数目多少以及数据处理能力，就决定了 NIDS 识别入侵行为的能力。NIDS 好比是设在防火墙后的一个流动岗哨，能够适时发觉在网络中的攻击行为，并采取相应的响应措施。目前，市场上最常见的入侵检测系统，绝大多数大都是 NIDS。

HIDS 和 NIDS 在很大程度上是互补的，许多用户在使用 IDS 时都配置了基于网络的入侵检测系统，但不能防止所有的攻击，特别是一些加密包的攻击。而网络中的 DNS、E-mail 和 Web 服务器经常是攻击的目标，这些服务器必须与外部网络交互，不可能对其进行全部屏蔽，所以，应当在各个服务器上安装基于主机的入侵检测系统。

4. 入侵检测系统指标

1）IDS 性能指标

判断 IDS 的性能是否符合信息系统要求，一般是从漏报率、误报率和丢包率三个方面考虑。漏报率是指 IDS 没有正确识别入侵行为的概率；误报率是系统将正常行为判断为入侵行为的概率；丢包率是指所丢失数据包数量占发送数据包数量的比率，它在高带宽网络环境下的概率值相对较高。由此可以看出，这三个概率值越高，说明 IDS 检测效果越差，管理人员对检测系统的信任度也就越低。所以在进行 IDS 产品的选择时，必须参考这三个参数，以选出最适合信息系统的 IDS 产品。

2）IDS 功能指标

判断 IDS 的功能是否符合当前信息系统的要求，一般是从事件数量、事件库更新、易用性、资源占用率和抵御能力 5 个方面来进行要求，下面将对这 5 个方面进行具体的阐述。

① 事件数量。事件数量可以反映出当前 IDS 系统处理事件的能力，事件数量越多，IDS 性能越强。但这并非说事件数量越多越好，若系统事件的种类大都是过于陈旧的非法事件，而非当前流行的非法行为，那么即使系统能处理的事件数量很多，也只是无谓地

加重系统负担。故一般的 IDS 系统事件数量应在 500 至 1000，且应该是当前能够使用的非法事件。

② 事件库更新。事件库更新的快慢是衡量 IDS 系统功能的又一个重要指标。网络的迅速发展使得非法事件的传播速度大大增加，故 IDS 事件库的更新速度也应随之增加，否则 IDS 的检测就会失去存在的意义。

③ 易用性。现在市场上的 IDS 产品多采用特征检测技术，这导致其检测到的多是可能事件，而不是真正的黑客事件。当有大量事件被检测到时，如何以更适合用户查看的方式来显示也是 IDS 产品必须考虑的问题之一。

④ 资源占用率。IDS 系统的存在是为了检测非法事件，以维护系统的正常运行，即其对于信息系统整体而言只是一个保护的设备。所以，IDS 系统不能占用过多的网络和系统资源。

⑤ 抵御能力。抵御能力指的是 IDS 在成为黑客目标时抵御攻击的能力。性能优越的 IDS 系统，应当有足够强的抵御能力和识别隐蔽黑客行为的能力。

4.4.6　恶意代码防范安全措施

恶意代码是指故意编制或设置的、对网络或系统会产生威胁或潜在威胁的计算机代码，也常常被定义为没有有效作用，但会干扰或破坏计算机系统或网络功能的程序、代码或一组指令。恶意代码的存在形式可能包括二进制代码或文件、脚本语言或宏语言等，表现形式包括病毒、蠕虫、后门程序、木马、流氓软件、逻辑炸弹等。恶意代码通过抢占系统资源、破坏数据信息等手段，干扰系统的正常运行，它是信息安全的主要威胁之一。恶意代码防范可从以下几方面入手。

1. 恶意代码的检测

恶意代码的检测是指收集并分析网络和计算机系统中若干关键点的信息，发现其中是否存在违反安全策略的行为以及被攻击的痕迹。恶意代码检测的常用技术包括特征码扫描、沙箱技术、行为检测等。

1）特征码扫描

特征码扫描是在恶意代码检测中使用的一种基本技术，广泛应用于各类恶意代码清除软件中。每种恶意代码中都包含某个特定的代码段，即特征码。在进行恶意代码扫描时，扫描引擎会将系统中的文件与特征码进行匹配，如果发现系统中的文件存在与某种恶意代码相同的特征码，就认为存在恶意代码。因此，特征码扫描过程就是病毒特征串匹配的过程。

特征码扫描技术是一种准确性高、易于管理的恶意代码检测技术。但是这种技术也存在一定的弊端，一方面随着恶意代码数量的增加，特征库规模不断扩充，扫描效率越来越低；另一方面该技术只能用于已知恶意代码的检测，不能发现新的恶意代码；此外，如果恶意代码采用了加密、混淆、多态变形等自我防护技术，特征码扫描技术也难以检测。

2）沙箱技术

沙箱技术是将恶意代码放入虚报机中执行，其执行的所有操作都以虚拟化的形态运行，不改变实际操作系统。虚报机通过软件和硬件虚拟化，让程序在一个虚拟的计算环境中运行，这就如同在一个装满细沙的箱子中，允许随便地画画、涂改，这些画出来的图案在沙箱里很容易被抹掉。

沙箱技术能较好地解决变形恶意代码的检测问题。经过加密、混淆或多态变形的恶意代码放入虚拟机后，将自动解码并开始执行恶意操作，由于运行在可控的环境中，通过特征码扫描等方法，可以检测出恶意代码的存在。

3）行为检测

行为检测技术是通过对恶意代码的典型行为特征分析，如频繁连接网络、修改注册表、内存消耗过大等，确定恶意操作行为。将这些典型行为特征和用户合法操作规则进行分析和研究，如果某个程序运行时，检测发现其行为违反了合法程序操作规则，或者符合恶意程序操作规则，则可以判断其为恶意代码。

行为检测技术根据程序的操作行为分析、判断其恶意性，可用于未知病毒的发现。由于目前行为检测技术对用户行为难以全部掌握和分析，因而容易发生较大的误报概率。

2. 恶意代码的分析

恶意代码分析是指利用多种分析工具掌握恶意代码样本程序的行为特征，了解其运行方式及安全危害，它是准确检测和清除恶意代码的关键环节。为了抵抗安全防护软件，恶意代码使用的隐藏和自我保护技术越来越复杂，使其可以在系统中长期生存。目前，常用恶意代码的分析方法可以分为静态分析和动态分析两种。这两种方法结合使用，能较为全面地收集恶意代码的相关信息，以达到较好的分析效果。

1）静态分析

静态分析不需要实际执行恶意代码，它通过对其二进制文件的分析，获得恶意代码的基本结构和特征，了解其工作方式和机制。恶意代码特征分析是静态分析中使用的一种基本方法，它通过查找恶意代码二进制程序中嵌入的可疑字符串，如文件名称、URL 地址、域名、调用函数等，来进行分析判断。反汇编分析使用反汇编工具将恶意代码程序或感染恶意代码的程序本身转换成汇编代码，通过相关分析工具对汇编代码进行词法、语法、控制流等分析，掌握恶意代码的功能结构。

由于不需要运行恶意代码，静态分析方法不会影响运行环境的安全。另一方面，静态分析方法可以分析恶意代码的所有执行路径。但是随着程序复杂度的提高、执行路径数量庞大、冗余路径增多，会出现分析效率变低的情况，甚至导致分析无法完成。

2）动态分析

动态分析是指在虚拟运行环境中，使用测试及监控软件，检测恶意代码的行为，分析其执行流程及处理数据的状态，从而判断恶意代码的性质，掌握其行为特点。动态分析针对性强，并且具有较高的准确性，但其分析过程中覆盖的执行路径有限，分析的完整性难以保证。

恶意代码一般会对运行环境中的系统文件、注册表、系统服务以及网络访问等造成不同程度的影响，因此动态分析通过监控系统进程、文件和注册表等方面出现的非正常操作和变化，可以对其非法行为进行分析。另一方面，恶意代码为了进入并实现对系统的攻击，会修改操作系统的函数接口，改变函数的执行流程、输入输出参数等。因此，动态地分析检测系统函数的运行状态及数据流转换过程，能判别出恶意代码行为和正常软件操作。

3. 恶意代码的清除

恶意代码的清除是根据恶意代码的感染过程或感染方式，将恶意代码从系统中删除，使被感染的系统或被感染的文件恢复正常的过程。

1）感染引导区型恶意代码的清除

引导区型恶意代码是一种通过感染系统引导区获得控制权的恶意代码，根据感染的类型分为主引导区恶意代码和引导区恶意代码两种类型。由于恶意代码寄生在引导区中，因此可以在操作系统前获得系统控制权，其清除方式主要是对引导区进行修复，恢复正常的引导信息，恶意代码随之被清除。

2）文件依附型恶意代码的清除

文件依附型恶意代码是种通过将自身依附在文件上的方式以获得生存和传播的恶意代码。由于恶意代码将自身依附在被感染文件上，只需根据感染过程和方式，将恶意代码对文件的操作进行逆向操作，就可以清除。典型的文件型恶意代码通常是将恶意程序追加到正常文件的后面，然后修改程序首指针，使得程序在执行时先执行恶意代码，然后再跳转去执行真正的程序代码，这种感染方式会导致文件的长度增加。清除的过程相对简单，将文件后的恶意代码清除，并修改程序首指针使之恢复正常即可。部分恶意代码会将自身进行拆分，插入到被感染的程序的自由空间内。例如，著名的CIH病毒，就是将自身代码拆分开，放置在被感染程序中没有使用的部分，这种方式的被感染文件的长度不会增加。这种类型的恶意代码相比前一种感染文件后端的恶意代码的清除要复杂得多，只有准确了解该类恶意代码的感染方式，才能有效清除。部分文件依附型恶意代码是覆盖型文件感染恶意代码，这类恶意程序会用自身代码覆盖文件的部分代码，将其清除会导致正常文件被破坏，无法修复，只能用没有被感染的原始文件覆盖被感染的文件。

3）独立型恶意代码的清除

独立型恶意代码自身是独立的程序或独立的文件，如木马蠕虫等，是恶意代码的主流类型。清除独立型恶意代码的关键是找到恶意代码程序，并将恶意代码从内存中清除，然后就可以删除恶意代码程序。如果恶意代码自身是独立的可执行程序，其运行会形成进程，因此需要对进程进行分析，查找到恶意代码程序的进程，将进程终止后，从系统中删除恶意代码文件，并将恶意代码对系统的修改还原，就可以彻底清除该类恶意代码。

如果恶意代码是独立文件，但并不是一个独立的可执行程序，而是需要依托其他可执行程序的运行和调用，才能加载到内存中。例如，利用 DLL 注入技术注入程序中的恶意 DLL 文件（.dll）、利用加载为设备驱动的系统文件（.sys），都是典型的依附、非可执行程序。清除这种类型的恶意代码也需要先终止恶意代码运行，使其从内存中退出。与独立型恶意代码不同的是，这种类型的恶意代码是由其他可执行程序加载到内存中的，因此需要将调用的可执行程序从内存中退出，恶意代码才会从内存中退出，相应的恶意代码文件也才能被删除。如果调用恶意代码的程序为系统关键程序，无法在系统运行时退出，在这种情况下，需要将恶意代码与可执行程序之间的关联设置删除，重新启动系统后，恶意代码就不会被加载到内存中，文件才能被删除。

4）嵌入型恶意代码的清除

部分恶意代码嵌入在应用软件中，例如，攻击者利用网上存在的大量开源软件，将恶意代码加入某开源软件的代码中，然后编译相关程序，并发布到网上吸引用户下载，获得用户敏感信息、重要数据。由于这种类型的恶意代码与目标系统结合紧密，通常需要通过更新软件或系统，甚至重置系统才能清除。

4.4.7　网络安全审计措施

网络安全审计可分为内网安全审计和外网接入审计两种，旨在对信息系统中与网络安全活动相关的信息进行识别、记录、存储和分析。网络安全审计工具可以记录信息系统的运行状况，当信息系统发生故障时，安全审计工具可以帮助分析人员进行系统事件的重建和故障分析，让管理人员清晰完整地认识系统的故障，降低类似故障发生的可能性；同时审计工具还可作为调查取证工具，为安全事故后的取证与分析过程服务，确保相关用户可以对其行为负责，在一定程度上对潜在的攻击者起到震慑的作用；审计工具还可以进行安全事件的检测，对系统的攻击及时进行报警处理，降低系统非法入侵的概率。

1. 网络设备的安全审计

1）路由器审计管理

开启路由器的系统日志功能，以完成对网络设备的运行状态、网络流量等的检测和记录；开启路由器的审计功能，以记录事件的日期、用户、事件类型和成功与否等审计相关的信息；对由审计记录进行分析而得到的审计报表进行保护，保证其不被删除、修改等。

2）交换机审计管理

交换机的审计管理和路由器的审计管理内容相似，可采取相似的方法进行日志信息的保护和分析等。

3）防火墙审计管理

不同产品的防火墙管理和配置方法存在较大差异，其审计功能的管理也不尽相同，但只要满足一般审计要求的防护墙，其审计管理和路由器的审计管理内容相似，可采取相似的方法进行日志信息的保护和分析等。

2. 网络安全审计系统

网络安全审计系统可以对网络中的设备和系统运行过程中产生的信息进行实时采集和分析，同时也可对各种软硬件系统的运行状态进行监测。当发生异常情况时，网络安全审计系统可以立即发出警告信息，并向网络管理员提供详细的审计报告和异常分析报告，让网络管理员可以及时发现系统的安全隐患，以采取有效措施来保护网络系统安全。

网络安全审计系统适用于不同厂商的设备或系统，为其采集分析多种类型的日志数据提供了硬件基础。为了便于日志信息的查看和管理，还可以通过内部的转换，将采集到的各种日志格式转换为统一的日志格式，并支持日志信息以报表形式显示。而且它能够实现网络安全事件的统计分析，其自动生成的分析报告和统计报表可以成为被攻击的有力证据。

网络安全审计系统一般包括数据管理中心、网络探测引擎和审计中心三个部分。数据管理中心与网络探测引擎之间为一对多的对应关系，这样的设计既可实现资源的合理利用，也可达到审计系统要求的功能。

数据管理中心包括数据库管理、引擎管理和配置管理三部分，可分别对数据库连接信息、网络探测引擎信息和被审计对象进行管理。网络探测引擎可以对侦听到的网络信息流及其所有的数据包进行分析，并将分析结果传递到相应数据管理中心的数据库中，为网络管理员进行网络行为的分析和处理提供数据支撑。审计中心则主要进行审计管理和用户管理，实现分权限查询审计信息历史记录，为审计信息的安全提供保障。

4.4.8 集中管控安全措施

面对严峻的信息安全挑战，信息安全工作不该是被动地防范，而应是主动地防御。其安全管理思路已经从过去单个业务“门上装把锁”的方式，发展到现在的全方位考虑，实现安全设备或安全组件的集中管控，运行状态的集中监测，审计数据汇总和集中分析，安全策略、恶意代码、补丁升级等安全相关事项的集中管理，以及对各类安全事件进行识别、报警和分析已经发展成为一种新的安全趋势。

1. 安全设备或安全组件管控

划分出特定的管理区域、建立一条安全的信息传输路径对分布在网络中的安全设备或安全组件进行管控，能够有效地解决安全管理分散、人员分布不集中的弊端，消除信息在网络传输中被窃听的风险。

2. 运行状况监测

对于网络运维人员来说，工作压力是巨大的，除了日常的维护工作之外，还需要面对各种网络突发事件。现在，信息系统平台化、集中化建设方案越来越多，然而业务系统集中建设后，不仅增加运行维护的工作强度和难度，而且会使集中后的信息系统变得更加繁杂。开发和建设一套包括网络、服务器、数据库、中间件和应用于一体的集中监控体系，成为了解业务资源的使用状况、及时发现可能导致系统故障的隐患、实现系统安全稳定运行的关键所在。

通过对网络链路、安全设备、网络设备和服务器等的运行状况进行集中监测，能够正确和及时地了解系统的运行状态，发现影响整体系统运行的瓶颈，帮助系统运行维护人员进行必要的系统优化和配置变更，甚至为系统的升级和扩容提供依据。强有力的监控和诊断工具还可以帮助运行维护人员快速地分析出应用故障原因，把他们从繁杂重复的劳动中解放出来。

3. 审计数据汇总与分析

当信息系统发生故障时，安全审计数据可以帮助分析人员进行系统事件的重建和故障分析，让管理人员清晰完整地认识系统的故障，降低未来相似故障发生的可能性；同时，审计数据还可作为调查取证工具，为安全事故后的取证与分析过程服务，确保安全事故责任人可以对其行为负责，在一定程度上对潜在的攻击者起到震慑的作用。

4. 安全策略、病毒特征库、系统补丁集中管控

随着信息安全问题的日益突出以及黑客技术的不断发展，依靠终端设备或者服务器端单点防护以保护网络安全已经不现实了。需要从安全的角度去管理整个网络和系统，以信息系统资产为核心，以安全事件管理为关键流程，采用集中管控的思想，将用户安全策略、恶意代码特征库、操作系统更新、补丁升级等安全运维操作集中管控，统一分发，协调运行，既能减轻运行维护人员工作强度和难度，又能确保系统内各网络设备、安全组件等得到实时安全防护，不留安全死角。

5. 安全事件识别、报警和分析

加强信息系统安全事件的管理，提高信息系统安全事件管理的制度化、规范化水平，

及时掌握网络和信息系统安全状况，保障网络和信息系统安全稳定运行变得越来越重要。有效针对网络中发生的各类安全事件进行识别、报警和分析，降低信息安全事件带来的损失和影响也是保障网络安全的关键手段。

对网络链路、安全设备、网络设备和服务器等的运行状况进行数据采集、汇总、分析和集中监测，建立一条完整的数据链条，实现安全事件识别、分析、预警、应急处理的自动化。

第5章
设备和计算安全

5.1　设备和计算的安全风险

设备和计算安全，通常指主机设备、网络设备、安全设备和终端设备等节点设备自身的安全保护能力，一般通过启用操作系统、数据库、防护软件的相关安全配置和策略来实现。设备和计算环境安全面临的风险主要来自以下四个方面：

（1）自身缺陷造成的安全风险。包括软件、硬件自身的缺陷，如代码不完善以及各类漏洞等。

（2）外部威胁造成的安全风险。如木马后门、病毒攻击、拒绝服务攻击、口令猜测、非法访问等，这也是网络安全中需要重点防护的方面。

（3）内部威胁造成的安全风险。如何有效控制内部人员的非法访问和操作，是网络安全中比较关注和难以实现的。

（4）在云环境下的网络安全风险。云环境中提供给用户的云计算资源一般都没有独立的主机、网络和存储等基础设施，用户对云管理平台和云计算的自身安全性带来的安全隐患基本不可控，也难以清晰地明确安全边界。

5.2　设备和计算安全防护目标

设备和计算安全防护的最终目标是，对节点设备启用防护设施和安全配置，通过集中统一监控管理，提供访问控制、入侵检测和病毒防护、漏洞管理、安全审计等功能，使系统关键资源和敏感数据得到保护，确保数据处理和系统运行时的保密性、完整性和可用性，并在发生安全事件后能快速定位，有效回溯，减少损失。

5.3 设备和计算安全要求

1. 身份鉴别要求

本项要求包括：

（1）应对登录的用户进行身份标识和鉴别，身份标识具有唯一性，身份鉴别信息具有复杂度要求并定期更换。

（2）应具有登录失败处理功能，应配置并启用结束会话、限制非法登录次数和当登录连接超时自动退出等相关措施。

（3）当进行远程管理时，应采取必要措施，防止鉴别信息在网络传输过程中被窃听。

（4）应采用两种或两种以上组合的鉴别技术对用户进行身份鉴别。

2. 访问控制要求

本项要求包括：

（1）应对登录的用户分配账号和权限。

（2）应重命名默认账号或修改默认口令。

（3）应及时删除或停用多余的、过期的账号，避免共享账号的存在。

（4）应授予管理用户所需的最小权限，实现管理用户的权限分离。

（5）应由授权主体配置访问控制策略，访问控制策略规定主体对客体的访问规则。

（6）访问控制的粒度应达到主体为用户级或进程级，客体为文件、数据库表级。

（7）应对敏感信息资源设置安全标记，并控制主体对有安全标记的信息资源的访问。

3. 安全审计要求

本项要求包括：

（1）应启用安全审计功能，审计覆盖到每个用户，对重要的用户行为和重要安全事件进行审计。

（2）审计记录应包括事件的日期和时间、用户、事件类型、事件是否成功及其他与审计相关的信息。

（3）应对审计记录进行保护，定期备份，避免受到未预期的删除、修改或覆盖等。

（4）应对审计进程进行保护，防止未经授权的中断。

（5）审计记录产生时的时间应由系统范围内唯一确定的时钟产生，以确保审计分析的正确性。

4. 入侵防范要求

本项要求包括：

（1）应遵循最小安装的原则，仅安装需要的组件和应用程序。

（2）应关闭不需要的系统服务、默认共享和高危端口。

（3）应通过设定终端接入方式或网络地址范围对通过网络进行管理的管理终端进行限制。

（4）应能发现可能存在的漏洞，并在经过充分测试评估后，及时修补漏洞。

（5）应能够检测到对重要节点进行入侵的行为，并在发生严重入侵事件时提供报警。

5. 恶意代码防范要求

本项要求如下：

应采用免受恶意代码攻击的技术措施或采用可信计算技术建立从系统到应用的信任链，实现系统运行过程中重要程序或文件完整性检测，并在检测到破坏后进行恢复。

6. 资源控制要求

本项要求包括：

（1）应限制单个用户或进程对系统资源的最大使用限度。

（2）应提供重要节点设备的硬件冗余，保证系统的可用性。

（3）应对重要节点进行监视，包括监视 CPU、硬盘、内存等资源的使用情况。

（4）应能够对重要节点的服务水平降低到预先规定的最小值进行检测和报警。

5.4　设备和计算安全措施

1. 身份鉴别安全措施

在设备和计算安全层面，身份鉴别安全措施主要对主机操作系统配置符合安全要求的身份鉴别措施，确保设备和计算合法访问操作。身份鉴别认证系统部署示意图如图 5-1 所示。

（1）在用户登录节点设备的操作系统或数据库时应具有身份鉴别功能，即对登录的账号和口令进行鉴别验证。主机应采用屏保密码设置，可以减少非法操作，减低安全风险。登录账号需要配置口令策略和复杂性要求，设置由数字、字母和特殊符号组成的较“强壮”的登录口令，避免弱口令或复杂度不足。口令长度最少值应为 8 位，同时口令一般需要定期更改。

（2）应具有账户登录失败处理功能，为防止恶意猜测密码口令，应配置用户登录账号锁定、口令失败次数、登录连接超时自动退出等相关安全措施。

（3）当进行远程管理时，应查看安全配置是否开启，防止鉴别信息在网络传输过程中被窃听。

（4）应采用双因素身份鉴别机制，也就是两种或两种以上组合的鉴别技术对用户进行身份鉴别。一般除了账号口令外还可以通过增加密钥、指纹等方式实现。

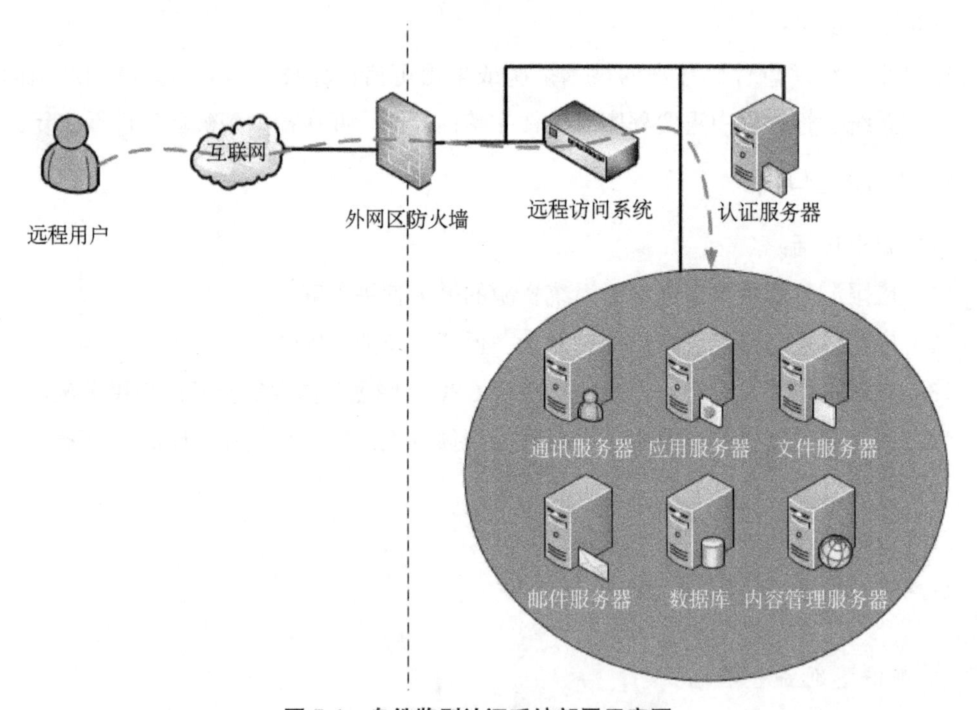

图 5-1 身份鉴别认证系统部署示意图

2. 访问控制安全措施

在等级保护安全体系规划中，访问控制的要求贯穿了各个层级，可以说网络安全的防护就是要对访问控制进行安全防护。相比物理层、网络层通过部署有关安全产品实现访问控制，满足等级保护要求，在设备和计算安全中主要就是通过对设备的操作系统进行安全配置，合理加强访问控制安全措施，防止内、外非法用户攻击，保障主机安全。安全准入和终端管理部署示意图如图 5-2 所示。

（1）应对登录操作系统和数据库的用户分配不同的账号和应用权限；权限分离应采用最小授权原则，分别授予不同用户各自为完成自己承担任务所需的最小权限，并在他们之间形成相互制约的关系。

（2）应查找是否禁用默认账户并重命名默认账号或修改默认口令；管理员登录账号权限较高，如未及时更改主机默认管理员登录账号，则可能被恶意用户轻易破解登录口令后以较高权限登录系统，造成重大损失。

（3）应及时删除或停用多余的、过期的账号，避免共享账号的存在；应设置超过 60 天未修改口令的账号为默认过期账号，并及时删除；应屏蔽上次登录用户信息，如没有配置此项安全策略，则远程登录操作系统时显示上次登录用户的用户名，造成信息泄露。

（4）应采用分权管理的机制，规避系统管理员权限过高成为超级管理员的风险，将管理员权限分散为安全管理员、审计管理员和系统管理员，三个权限各司其职，相互制约。实现最小权限，不仅保证了系统安全性，同时也符合国家相关信息安全标准规范。

安全管理员权限主要包括：组成员授权及修改、文件授权及修改、文件授权及权限修改、权限查看等。

审计管理员权限主要包括：授权日志、文档操作日志管理、用户登录日志查看等。

系统管理员权限主要包括：管理系统常用功能，用户增加、组增加、文档管理等其他系统管理权限。

（5）访问控制主要用于防止非法主体访问受保护的资源，或防止合法主体访问未授权的资源。应由授权主体配置访问控制策略，并规定主体对客体的访问规则。

（6）访问控制首先需要对用户身份的合法性进行验证，同时利用控制策略进行选用和管理工作。当用户身份和访问权限验证之后，还需要对越权操作进行监控。控制的粒度应达到主体为用户级或进程级，客体为文件、数据库表级。

（7）对重要系统文件进行敏感标记，设置强制访问控制机制。根据管理用户的角色分配权限，并做细致划分，仅授予管理用户最小权限，并对用户及用户程序进行限制，从而达到更高的安全级别。

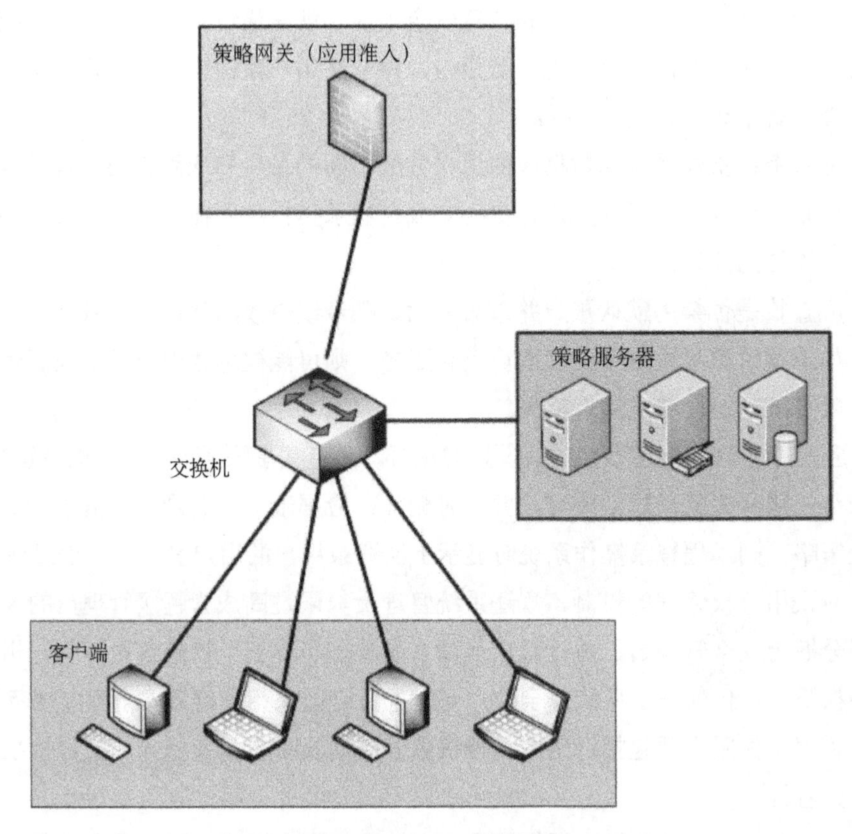

图 5-2　安全准入和终端管理部署示意图

3. 设备安全审计措施

设备安全审计一般由堡垒机等专业安全监控、审计软硬件实现，主要覆盖了移动介质的使用控制、网络资源的访问控制、端口设备使用管理、软件资源的使用控制、非法外联告警、敏感信息检测、文件共享/打印控制、准入控制等功能。

（1）应启用安全审计功能，覆盖到设备和终端上的每个操作系统用户和数据库用户，对重要的用户行为和重要安全事件进行审计；应配备操作系统日志审核策略，检查日志记录是否完整、空间是否足够、存储周期是否合理等，并确认能为安全事件分析提供信息，生成审计报表。

（2）要具有完备的日志配置策略，审计记录应包括事件的日期和时间、用户、事件类型、事件是否成功及其他与审计相关的信息；应对日志功能的启用、日志记录的内容、日志的管理形式、日志的审查分析做出明确的规定；对于重要主机系统，应建立集中的日志管理服务器，实现对重要主机系统日志的统一管理，以利于对主机系统日志的审查分析。

（3）安全审计是事前预防、事中预警的有效风险控制手段，也是事后追溯的可靠证据来源。应对审计记录进行保护，定期备份，避免受到未预期的删除、修改或覆盖等。

（4）应保证各设备的系统日志处于运行状态，并定期对日志做全面分析，对登录的用户、登录时间、所做的配置和操作进行检查，确保对审计进程进行保护，防止未经授权的中断。

（5）要检查时间是否同步，确保审计记录产生时的时间由系统范围内唯一确定的时钟产生，以确保审计分析的正确性。

堡垒机（其布署示意图见图5-3）的作用：

（1）堡垒机通常在一个特定的网络环境中，为了保障网络和数据不受来自外部和内部用户的入侵和破坏，而运用技术手段实时收集并监控网络中各组成部分的运行状态、安全事件、网络活动，以便行成日志，集中分析并能提供监控报警、及时处理及审计追责。

（2）堡垒机综合了系统运维和安全审计两大主干功能，通过切断终端对网络和主机资源的直接访问，而采用协议代理的方式，接管了终端对网络和主机的访问。因此，能够拦截非法访问和恶意攻击，对不合法命令进行阻断，过滤掉所有对目标设备的非法访问行为，并对内部人员误操作和非法操作进行审计监控，以便事后责任追踪。

4. 设备入侵防范安全措施

网络边界处一般会部署防火墙、入侵检测（IDS）、入侵防御（IPS）等设备，用于应对端口扫描、拒绝服务攻击和网络蠕虫攻击等各类网络攻击；结合防病毒工具，能及早发现入侵行为并采取相应的应对措施，减少发生网络安全事件的可能。网络安全设备仅能对通过该设备传输的数据进行安全检查，防止由外向内或由内向外的攻击行为的发生，而对区

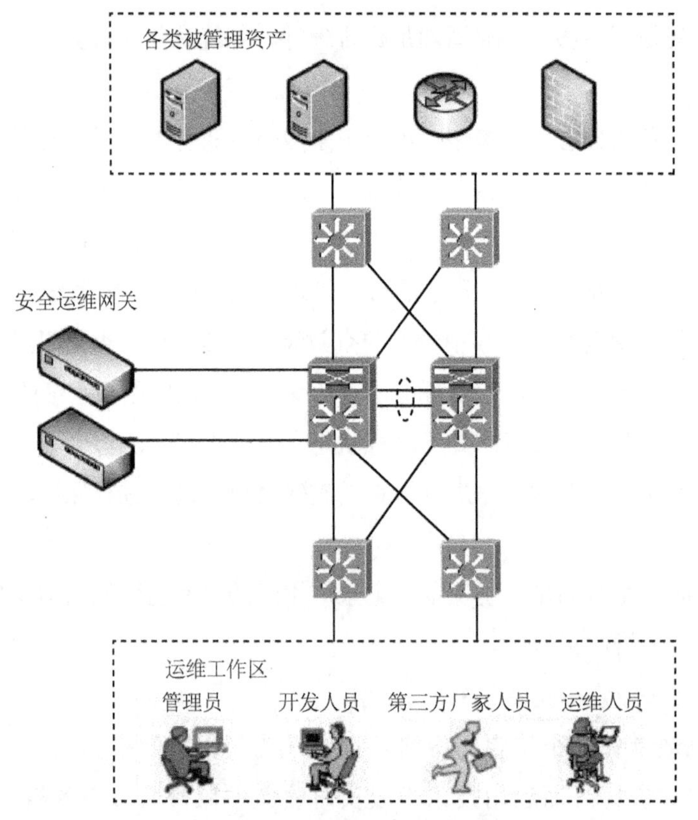

图 5-3　堡垒机双机部署示意图

域内部发起的横向攻击无能为力。因此，需要在操作系统端进行安全加固，并部署主机入侵检测（HIDS）或主机入侵防御系统（HIPS）。

（1）操作系统的安装应遵循最小安装原则，仅开启需要的服务，仅安装需要的组件和程序，可以明显降低系统遭受攻击的可能性。同时及时更新系统补丁，可以避免由操作系统漏洞带来的风险。

（2）为杜绝网络病毒对端口的访问，保障设备和计算安全，可以在操作系统中关闭TCP137、139、445、593、1025 端口，UDP 135、137、138、445 端口，流行病毒后门 TCP 2745、3127、6129 端口，以及远程服务访问端口 3389 等。管理员如果忽视了关闭这些不必要的端口，就有可能会给恶意用户入侵系统留下攻击途径。

（3）通过对指定接口所连接的主机 IP 和 MAC 地址绑定，可以防止 IP 盗用，并对非法 IP 的访问提供详细的记录；同时在路由器上进行重要主机的 IP/MAC 绑定，可以进一步保证主机的安全。

（4）定期检查操作系统的补丁是否及时更新，对已知漏洞（漏洞扫描部署示意图见图 5-4）是否进行了修复，评估更新补丁对信息系统是否造成影响等。对于实际生产环境的主机，建议由管理员选择是否安装更新，而不是自动安装更新，防止自动更新补丁对实际生产环境造成影响。

（5）应在主机上部署入侵检测或入侵防御系统，及时检测到对重要节点的入侵行为，并在发生严重入侵事件时提供自动告警功能。

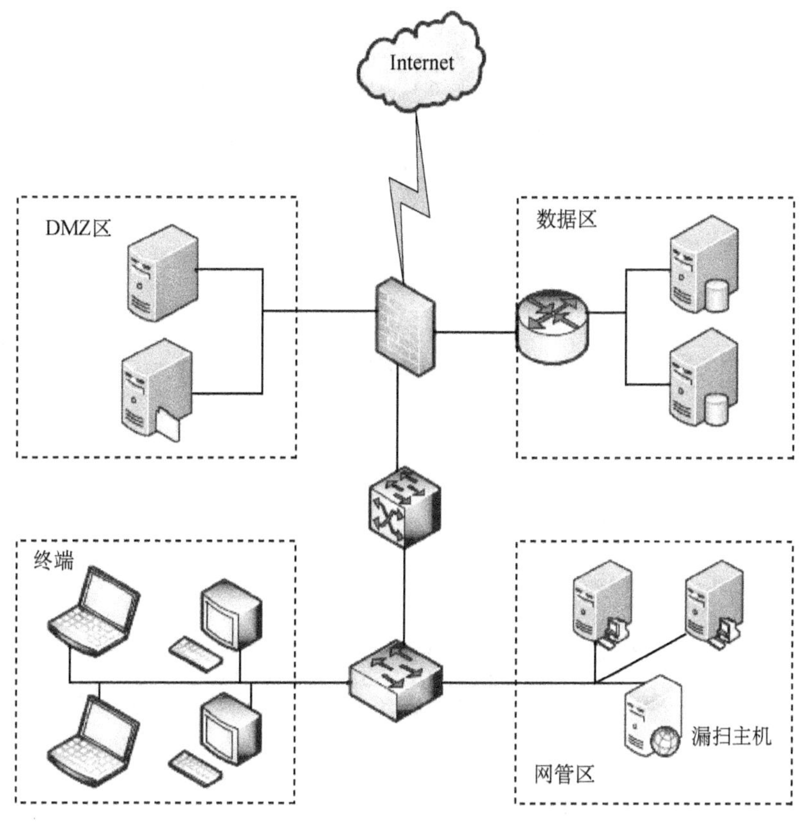

图 5-4　漏洞扫描部署示意图

5. 恶意代码防范安全措施

恶意代码一般通过网络和主机两个层面进行破坏，一旦恶意代码突破网络层安全防护，在网络内部传播，主机就非常容易被感染。同时，通过各种移动存储设备接入也可能造成主机感染，所以应在网络和设备处同时防范。一般在主机和终端设备安装网络版防病毒软件（防病毒软件部署示意图见图 5-5）并及时更新病毒库进行有效防护控制，实现系统运行过程中重要程序或文件完整性检测，并在检测到破坏后通过备份进行恢复。

防病毒软件一般具有以下主要功能：

（1）病毒检测及清除功能。防病毒软件能对普通文件、内存、网页、引导区和注册表进行监控；可检测并清除隐藏于邮件、文件夹及数据库中的计算机病毒、恶性代码和垃圾邮件；能够自动隔离感染且暂时无法修复的文件。

（2）文件实时保护功能。对被指定的文件进行恶意代码扫描，清除或删除被感染对象，或暂时隔离可疑对象，由管理员进一步分析和处理。

（3）系统扫描功能。对指定系统区域进行扫描，检测被感染和可疑的对象。可以分析、清除、删除被感染对象，或暂时隔离可疑对象，由管理员进一步分析和处理。

（4）备份功能。在受感染对象被清除或删除前会将其副本保存至备份存储区，如果原文件在处理过程中受损，还可以手动对其进行恢复。

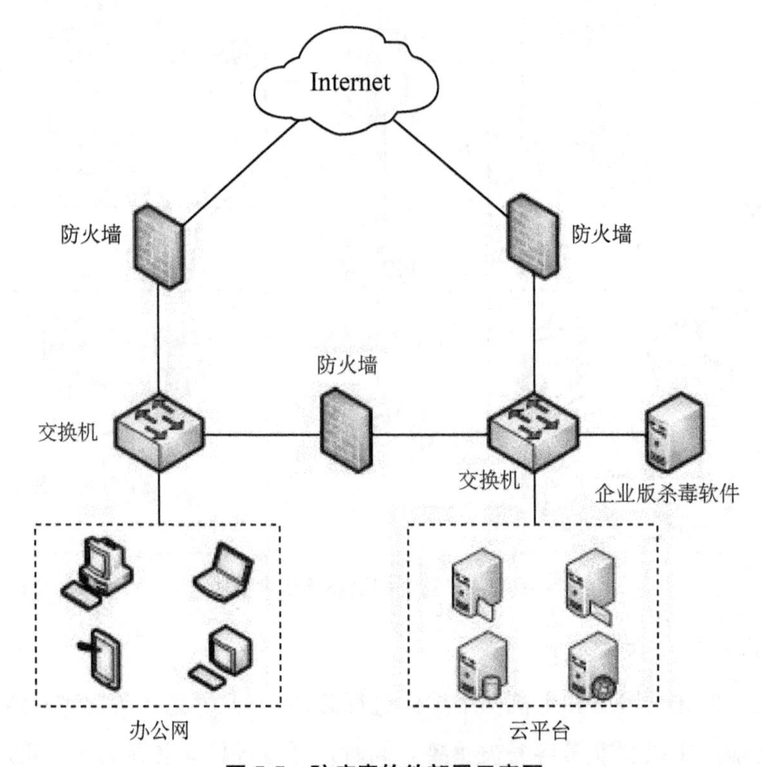

图 5-5　防病毒软件部署示意图

6. 资源控制安全设施

（1）资源控制时应限制单个用户多重并发会话，并根据系统推广应用情况限制最大并发会话连接数或进程对系统资源的最大链接数；限制同一时间段内可能出现的并发会话连接数，避免造成长时间大量占用计算资源，造成主机性能异常。一般在系统上线运行前需要通过性能测试进行易用性评估，确定有关会话连接数最大值。

（2）为确保生产系统稳定运行，对重要应用主机、数据库主机以及存储设备等计算资源都应提供硬件冗余。一般主机通过双机热备、数据库通过集群部署、存储通过建设存储资源池等方式进行冗余，提高生产系统的可用性。

（3 一般每天定期对所有节点设备进行巡检，确保各设备都能正常工作；应通过统一的监控工具或各种其他技术手段监控主机系统的 CPU 利用率、进程、内存和启动脚本等的使用状况，在出现异常变化时，应能及时报警响应。

（4）通过监控工具，能够对重要节点设备的服务水平降低到预先规定的最小值时进行检测和报警。

第 6 章 应用和数据安全

6.1 应用和数据安全面临的风险

1. 应用安全风险

应用安全风险是指信息系统在应用层面存在脆弱性进而受到内外部威胁影响的可能性。应用安全风险主要包括：病毒蠕虫、木马后门、口令猜测及暴力破解、拒绝服务攻击、SQL 注入、跨站脚本（XSS）、代码注入、图片嵌入恶意代码、本地/远程文件包含、任意代码执行、远程命令执行、请求伪造、任意文件上传下载、任意目录遍历、源代码泄露、调测信息泄露、JSON 挟持、第三方组件漏洞攻击、溢出攻击、变量覆盖、网络监听、会话标志攻击、越权和非授权访问、反序列化、APT 攻击等。研究表明，大多数的安全漏洞来自于软件自身，并且已经超过网络、操作系统的漏洞数量。

2. 数据安全风险

数据安全风险是指信息系统在数据层面存在脆弱性进而受到内外部威胁影响的可能性。最主要的数据安全风险是数据或信息被非授权访问、泄露、修改或删除，具体又可以分为管理风险和技术风险。其中，管理风险主要涉及人员的因素包括：操作失误、故意泄露、人为破坏等；技术层面主要面临：病毒蠕虫、木马后门、任意文件上传下载、目录遍历、源代码泄露、调测信息泄露、数据库条目暴露、JSON 挟持、网络监听、未授权访问以及 APT 攻击等可能导致数据泄露、篡改或破坏的风险。

近年来，针对数据库的攻击事件日益增多，拖库、撞库现象频发，归纳起来，数据库受到的常见威胁大致包括：误操作、错误的安全配置、内部人员泄密、未及时修复的漏洞、高级持续威胁（APT）等。

大数据生命周期安全示意图见图 6-1。

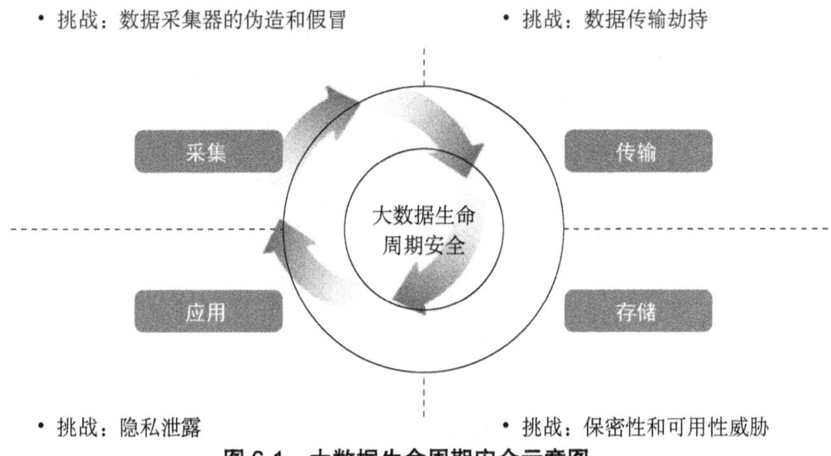

图 6-1　大数据生命周期安全示意图

6.2　应用和数据安全防护目标

1. 应用安全防护目标

应用安全防护的最终目标是从系统建设的全生命周期入手，通过安全需求、安全设计、安全开发、安全测试以及系统上线后的安全加固，尽量减少应用系统安全漏洞和风险暴露面，从而实现应用系统安全、稳定、可靠地运行。

2. 数据安全防护目标

数据安全建设和防护目标是在系统自身安全防护标准基础上，基于数据分类分级管理、敏感数据访问控制、外泄的安全监控以及数据在传输和存储过程中的加密管理，实现数据生命周期的安全管理，保证数据和信息不被非授权访问、篡改或破坏等，从而确保数据的保密性、完整性、可用性，如图 6-2 所示。

数据库安全的目标是在做好数据库系统的安全加固和日常维护基础上，尽量避免数据库安全风险隐患，同时建立完善的日志审计和应急恢复机制，保持数据库安全稳定运行，从而保障信息系统数据安全和业务连续性。数据安全涵盖范围示意图如图 6-3 所示。

图 6-2　数据安全主要目标示意图

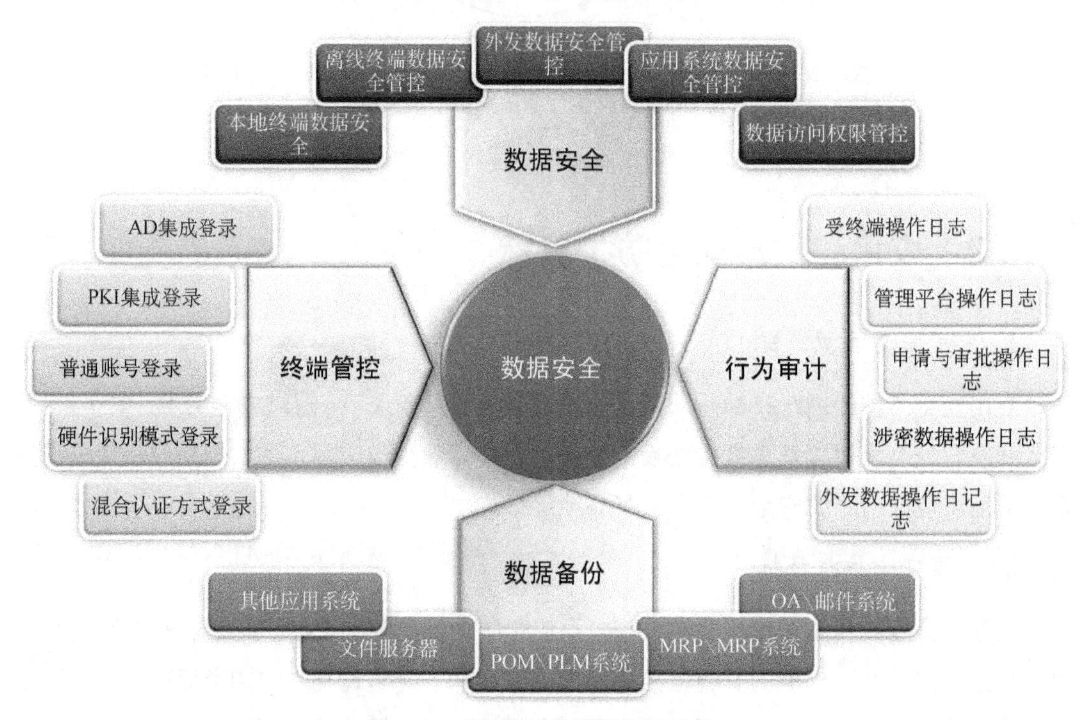

图 6-3　数据安全涵盖范围示意图

6.3　应用和数据安全要求

1. 身份鉴别要求

本项要求包括：

（1）应对登录的用户进行身份标识和鉴别，身份标识具有唯一性，鉴别信息具有复杂度要求并定期更换。

（2）应提供并启用登录失败处理功能，多次登录失败后应采取必要的保护措施。

（3）应强制用户首次登录时修改初始口令。

（4）用户身份鉴别信息丢失或失效时，应采用鉴别信息重置或其他技术措施保证系统安全。

（5）应对同一用户采用两种或两种以上组合的鉴别技术实现用户身份鉴别。

身份鉴别示意图如图 6-4 所示。

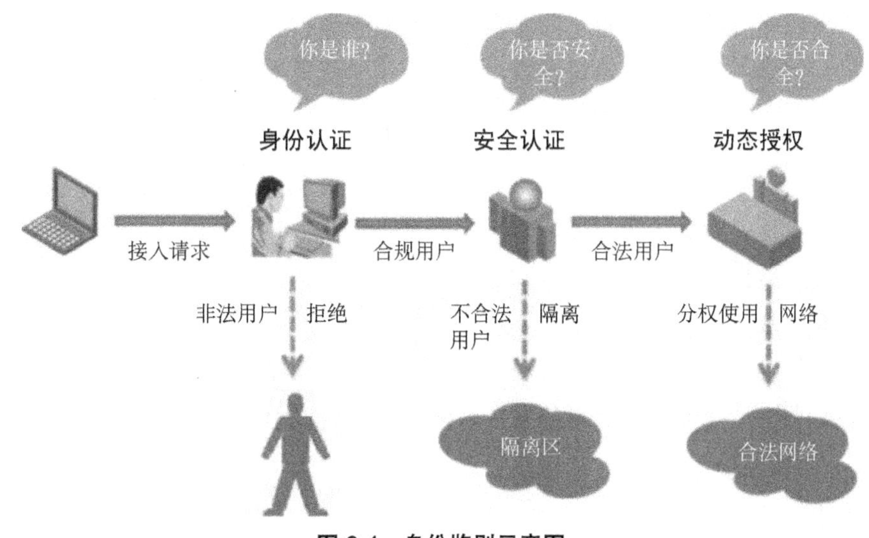

图 6-4　身份鉴别示意图

2. 访问控制要求

本项要求包括：

（1）应提供访问控制功能，对登录的用户分配账号和权限。

（2）应重命名默认账号或修改这些账号的默认口令。

（3）应及时删除或停用多余的、过期的账号，避免共享账号的存在。

（4）应授予不同账号为完成各自承担任务所需的最小权限，并在它们之间形成相互制约的关系。

（5）应由授权主体配置访问控制策略，访问控制策略规定主体对客体的访问规则。

（6）访问控制的粒度应达到主体为用户级，客体为文件或数据库表级、记录或字段级。

（7）应对敏感信息资源设置安全标记，并控制主体对有安全标记信息资源的访问。

3. 安全审计要求

本项要求包括：

（1）应提供安全审计功能，审计覆盖到每个用户，对重要的用户行为和重要安全事件进行审计。

（2）审计记录应包括事件的日期和时间、用户、事件类型、事件是否成功及其他与审计相关的信息。

（3）应对审计记录进行保护，定期备份，避免受到未预期的删除、修改或覆盖等。

（4）应对审计进程进行保护，防止未经授权的中断。

（5）审计记录产生时的时间应由系统范围内唯一确定的时钟产生，以确保审计分析的正确性。

4. 软件容错要求

本项要求包括：

（1）应提供数据有效性检验功能，保证通过人机接口输入或通过通信接口输入的内容符合系统设定要求。

（2）在故障发生时，应能够继续提供一部分功能，确保能够实施必要的措施。

（3）应提供自动保护功能，当故障发生时自动保护当前所有状态，保证系统能够进行恢复。

5. 资源控制要求

本项要求包括：

（1）当通信双方中的一方在一段时间内未做任何响应，另一方应能够自动结束会话。

（2）应能够对系统的最大并发会话连接数进行限制。

（3）应能够对单个账号的多重并发会话进行限制。

（4）应能够对并发进程的每个进程占用的资源分配最大限额。

6. 数据完整性要求

本项要求包括：

（1）应采用校验码技术或加解密技术保证重要数据在传输过程中的完整性。

（2）应采用校验码技术或加解密技术保证重要数据在存储过程中的完整性。

7. 数据保密性要求

本项要求包括：

（1）应采用加解密技术保证重要数据在传输过程中的保密性。

（2）应采用加解密技术保证重要数据在存储过程中的保密性。

8. 数据备份恢复要求

本项要求包括：

（1）应提供重要数据的本地数据备份与恢复功能。

（2）应提供异地实时备份功能，利用通信网络将重要数据实时备份至备份场地。

（3）应提供重要数据处理系统的热冗余，保证系统的高可用性。

9. 剩余信息保护要求

本项要求包括：

（1）应保证鉴别信息所在的存储空间被释放或重新分配前得到完全清除。

（2）应保证存有敏感数据的存储空间被释放或重新分配前得到完全清除。

10. 个人信息保护要求

本项要求包括：

（1）应仅采集和保存业务必需的用户个人信息。

（2）应禁止未授权访问和使用用户个人信息。

大数据个人信息画像示意图如图 6-5 所示。

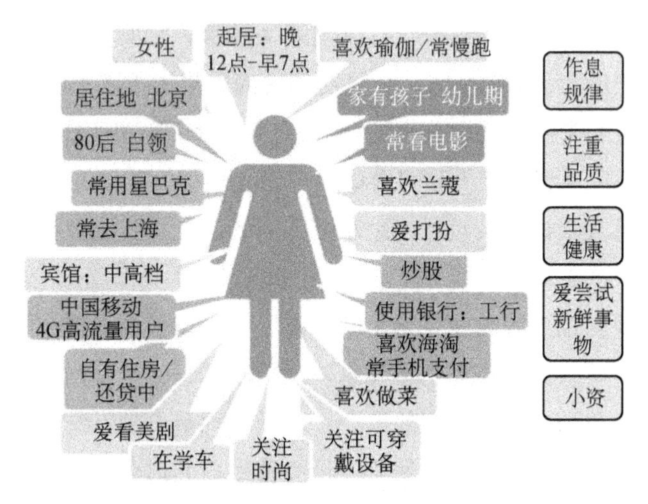

图 6-5　大数据个人信息画像示意图

6.4 应用和数据安全措施

1. 身份鉴别安全措施

身份鉴别是应用系统与用户建立信任关系、确认操作者身份的过程，应用系统的登录控制模块应具备以下功能：

（1）应用系统与用户建立信任关系必须建立在对用户进行身份标识和鉴别的基础上，即用户名和口令，且应用必须具备检测机制，拒绝出现身份标识不唯一的情况。鉴别信息复杂度检测功能，通过内建的判断条件判断用户设置的鉴别信息是否为弱口令（历史口令），如果系统判断发现弱口令（历史口令），应拒绝用户将其设置为鉴别信息，并给出响应的口令设置建议。

（2）要求用户在首次登录时修改初始鉴别信息、定期更换鉴别信息，并设置告警机制；对于临近更换日期还未更换鉴别信息的用户，在登录系统后应提示其更换鉴别信息；对于超出期限仍未更换鉴别信息的用户，系统应锁定或冻结其账户，拒绝登录系统。此类用户必须通过重置账户重新设置鉴别信息，并通过鉴别信息复杂度检测后才可继续登录和使用系统，重置的过程可由用户自行完成，对于特别重要的系统，建议由专职安全人员负责用户的解锁、解冻和重置操作。

（3）登录失败处理功能。系统应该具备对暴力破解、字典攻击等针对身份标识和鉴别信息猜解行为的防护能力；对单个账户单位时间内的登录次数和失败次数、单个 IP 地址单位时间内的登录次数和失败次数设置阈值，一旦有某个账户或IP地址的登录行为超过阈值，应当触发账户保护机制，禁止一段时间内该账户的登录行为或该 IP 的所有登录行为，直到一段时间后再恢复其登录权限；对于特别重要的系统，当发生疑似身份标识和鉴别信息猜解行为后，应锁定或冻结该用户或 IP 地址，由专职安全人员负责重置操作。

（4）鉴别信息找回或重置功能。当用户身份鉴别信息丢失（遗忘口令）或失效（未及时更改口令等）时，可以通过提供注册信息、短信验证码、密保问题回答、注册邮箱验证链接等方式协助用户找回或重置他们的口令；对于特别重要的系统，则不宜提供这些在线的口令找回或重置功能，应该由专职安全人员负责用户的口令找回或重置，并定期对其开展安全意识培训，防止其因安全意识淡薄成为信息系统被侵害的突破口。

（5）组合身份鉴别技术。对于特别重要的系统，其遭受暴力破解、撞库攻击的可能性很高，攻击成功带来的损失和负面影响往往非常高昂和巨大，双因子身份认证技术弥补了传统密码认证方法的很多弊端。常见的可用于认证的因子可有三种：第一种因子最常见的就是口令等；第二种因子是如 IC 卡、令牌、USB Key 等实物；第三种因子是指人的生物特征。所谓双因子认证就是必须使用上述三种认证因子的任意两者的组合才能通过认证的认证方法。

（6）应用程序应该建立安全策略配置功能，可以实现统一的用户安全策略配置，也可以针对每个账户进行单独的安全策略配置。

2. 访问控制安全设施

访问控制策略（其流程示意图如图 6-6 所示）的配置必须由安全管理人员完成，且必须遵循以下几点：

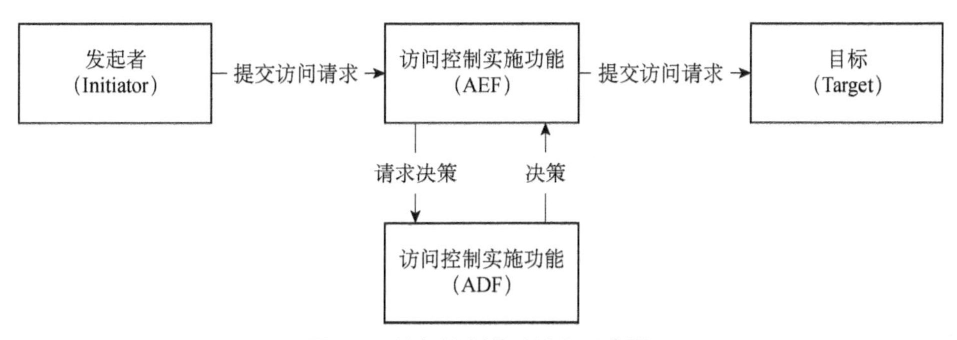

图 6-6　访问控制策略流程示意图

（1）应用系统应具备访问控制功能，为登录的用户分配相应的权限，类似于网络与通信安全层面访问控制策略的颗粒度。应用系统的访问控制也需要达到一定的颗粒度，对于主体，即发起访问的一方，颗粒度必须达到用户级；对于客体，即被访问的资源，颗粒度必须达到文件或数据库表、记录或字段级。

（2）对于应用系统内置的账号，必须修改他们的用户名和口令。

（3）对于人员流动、功能测试等原因产生的多余或过期的账号，必须删除或停用，并避免出现多人使用同一账号的情况发生。

（4）在配置访问控制策略时应要考虑最小权限原则，仅分配给主体完成工作所需的最小权限，并注意不同角色之间权限的制衡，防止发生共谋等情况。

（5）基于角色的访问控制。基于角色访问控制（RBAC）的一个重要特征是支持三条安全准则，即最小特权、职责分离和数据抽象，它通过给角色仅配置完成工作所需权限实现最小特权；通过角色静态、动态的互斥实现职责分离；通过对操作的封装实现数据抽象。对于权限可以继续地进行细粒度的控制，例如通过控制模块及数据展示可以实现更加细粒度的权限控制要求，角色如果具有模块级权限，就可以看到该模块页面。

（6）对于特别重要的系统，可以在 RBAC 的基础上，配置强制访问控制功能，即通过引入安全标签将访问控制策略强加给访问主体，强制主体服从访问控制政策。强制访问控制对访问主体和受控对象标识两个安全标签，一个是具有偏序关系的安全等级标签，另一个是非等级分类标签，它们是实施强制访问控制的依据，系统通过比较主体和客体的访问标签来决定一个主体是否能够访问某个客体。用户的程序不能更改它自己以及任何其他客体的安全标签，只有管理员才能确定用户和组的访问权限。

强制访问策略：将每个主体与客体赋予一个访问级别，强制访问控制系统根据主体和客体的敏感标识来决定访问模式。模式包括：

① 向下读 RD　主体安全级别高于客体安全级别时允许的读操作。

② 向上读 RU　主体安全级别低于客体安全级别所允许的读操作。

③ 向下写 WD　主体安全级别高于客体安全级别时允许的写操作。

④ 向上写 WU　主体安全级别低于客体安全级别所允许的写操作。

3. 安全审计措施

应用系统应具备安全审计功能，审计范围（见图 6-7）应覆盖到每一个主体及他们的重要行为和重要安全事件。例如用户的登录成功和失败、用户的密码修改和重置、用户的信息更改、用户对重要资源的访问和修改、访问控制策略的变更等，对于上述事件的记录内容至少要包括事件的日期和时间（由 NTP 服务器产生）、用户名和 IP 地址、事件的类型（登录、配置修改、资源访问）、具体的操作（修改了什么配置、访问了什么资源）以及操作是否成功等。另外，需要对审计记录和进程实时保护，对于审计记录要做到定期备份，保证记录可以保存 6 个月以上的时间，并通过访问控制功能防止用户删除、修改、覆盖审计记录或关闭审计进程。

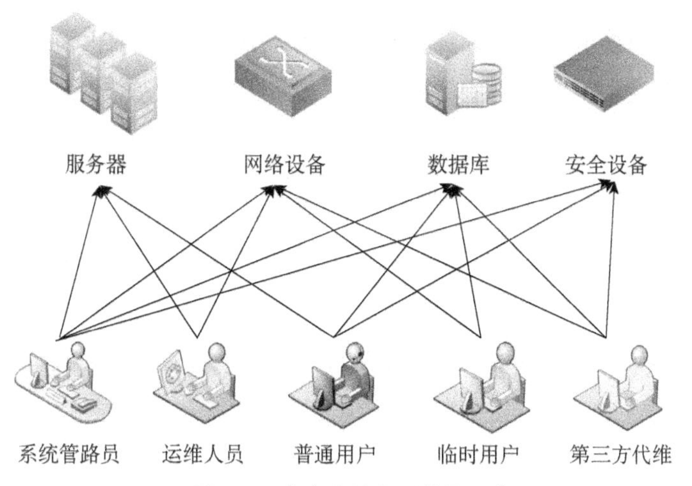

图 6-7 安全审计主要范围示意图

4. 软件容错安全措施

应用系统应具备一定的容错功能，首先需要对用户输入数据的有效性进行校验，确保用户按照系统规定的格式提交数据，对于非法的或可能损害系统的字符、语句，可以选择过滤、转义或拒绝。应用系统各功能模块对资源的需求等应做到相对独立，当资源出现抢占或发生其他不可预料的错误发生时，可以将影响范围尽量缩小。如果故障不可避免，应用系统应自动保存故障发生时的系统、数据、业务等状态，保证系统可以快速恢复到正常运行的状态。

5. 资源控制安全措施

应用系统应具备资源控制功能，用户在登录应用系统后在规定的时间内未执行任何操作，应自动退出系统，并对系统所能支持的最大登录人数、使用同一账号同时登录系统的人数进行限制。为避免磁盘空间不足、CPU 利用率过高等情况，应对每个访问账户或请求进程占用的资源进行限制。

6. 数据完整性安全措施

应用系统中通信双方应利用密码算法对数据进行完整性校验，保证数据在传输过程中不被替换、修改或破坏，对完整性检验错误的数据，应予以丢弃，并触发重发机制，恢复出正确的通信数据并重新发送。同时还应当保证数据在存储过程中不被替换、修改或破坏，例如使用摘要算法对重要文件预先计算摘要值，在使用前重新计算并与原摘要进行比对确保文件完整性，并制定和执行合理的备份策略，从而实现存储完整性被破坏的情况下的数据纠正和恢复。

7. 数据保密性安全措施

应用系统中通信双方应利用密码算法（例如数字信封技术）对传输的数据加密传输，保证数据在传输过程中的保密性。同时还应对重要数据和文件设置严格的访问控制策略防止未授权访问，并在数据库管理系统中利用扩展存储过程实现数据在存储过程中的加密和解密。

8. 数据备份恢复安全措施

重要数据应根据需要定期备份（其示意图见图 6-8），达到本地数据备份与恢复功能要求。备份方式采取实时备份与异步备份或完全备份与增量备份相结合的方式，根据系统和数据重要程度决定备份周期，在两次完全备份之间合理安排多次增量备份，确保系统恢复点目标（RPO）满足设计要求。

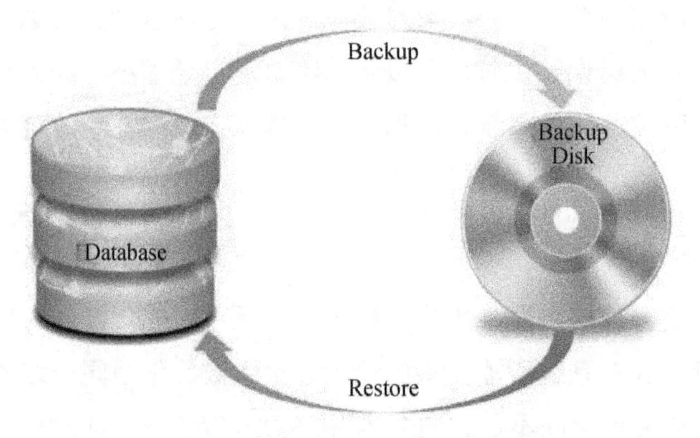

图 6-8　安全审计主要范围示意图

此外，备份光盘、磁盘、磁带介质应选择合适的存放地点，存放在介质柜中，由专人负责备份介质的出入库，并定期进行数据可用性检查和介质盘点。备份数据保存期限应符合国家相关规定和标准并满足系统设计的要求。

应为重要信息系统同步规划建设异地备份中心，在实现数据定时批量传送至备份中心的基础上，进一步实现用通信网络将重要数据实时备份至备份中心的更高要求。生产中心到备份中心的网络设备、通信线路和信息系统的硬件应具备较高承载能力，满足实时异地备份对基础环境的较高要求。异地实时备份一般可采用存储技术或虚拟化技术实现存储设备或云平台的实时同步。应对异地备份策略和实施情况定期进行测试验证，确保备份操作有效、数据可用。有条件的情况下，还可以建设灾难备份中心，实现应用级容灾。

9. 剩余信息保护安全措施

应用系统、操作系统和数据库应具备剩余信息保护的功能，剩余信息是指当前用户在登出后仍然留存在系统内存、磁盘中的身份标识、鉴别信息或其他形式的登录凭证，以及敏感数据。系统应确保存有登录凭证或敏感数据的存储空间在重新分配给其他用户前被完全清除，防止信息泄露。

10. 个人信息保护安全措施

作为网络运营者，收集、使用个人信息，应当遵循合法、正当、必要的原则，公开收集、使用信息的规则，明示收集、使用信息的目的、方式和范围，并经被收集者同意；采取技术措施和其他必要措施，确保其收集的个人信息安全，防止信息泄露、毁损、丢失；未经被收集者同意，不得向他人提供个人信息；对于发生或可能发生信息泄露的情况，应按规定及时向用户和主管部门报告。个人信息保护示意图如图 6-9 所示。

图 6-9　个人信息保护示意图

11. 数据库系统安全措施

数据库安全（其安全保护示意图如图 6-10 所示）的目标是在做好数据库系统的安全加固和日常维护基础上，尽量避免数据库安全风险隐患，同时建立完善的日志审计和应急恢复机制，保持数据库安全稳定运行，从而保障信息系统数据安全和业务连续性。在等级保护要求中数据库安全没有作为独立的章节进行阐述，相关内容主要分散在主机安全和数据安全两部分。综合来看，实现数据库安全应做好管理和技术两方面的工作，包括：

（1）对数据库系统进行安全策略配置和加固，使用安全的密码和账号策略。例如：配置密码复杂度要求、禁用 SQLserver 的 Windows 身份认证登录方式等；删除多余的存储过程，防止利用内置存储过程提升权限或进行破坏；修改默认端口，防止基于常见端口的扫描和探测；对网络连接 IP 地址进行限制等。

（2）做好数据库系统的日常运行维护，通过数据库漏扫技术，有效监测数据库自身漏洞和安全隐患，并进行有针对性的修复。同时，借助数据库防火墙技术从网络层实现数据库主动防御，防止 SQL 注入、数据库漏洞攻击以及阻断高危操作等，杜绝对数据库的非法访问。

（3）通过数据库加密技术，防止由于敏感信息明文存储导致的泄密，通过加密协议进行数据传输，防止明文传输泄露风险；依靠独立于数据库的权限控制机制，实现三权分立的安全管理手段。此外，通过数据库脱敏技术，彻底解决生产区到测试区真实数据测试引发的数据泄露问题，在符合规定要求的同时，实现测试数据可用。

（4）建立完善的数据库日志审计机制，通过数据库审计技术实现数据库的全面精确记录，配合相应的审计管理，构建风险状况、运行状态、性能参数和语句分布的实时监控和定期审计评估能力，及时发现、溯源和处置安全风险。

（5）做好数据备份和应急管理，根据数据库承载业务的需要，设定合理的 RTO、RPO 目标和数据库备份策略并确保严格执行；定期检查备份有效性和开展数据恢复演练，确保一旦发生严重突发事件可以按照预定目标尽快恢复数据。

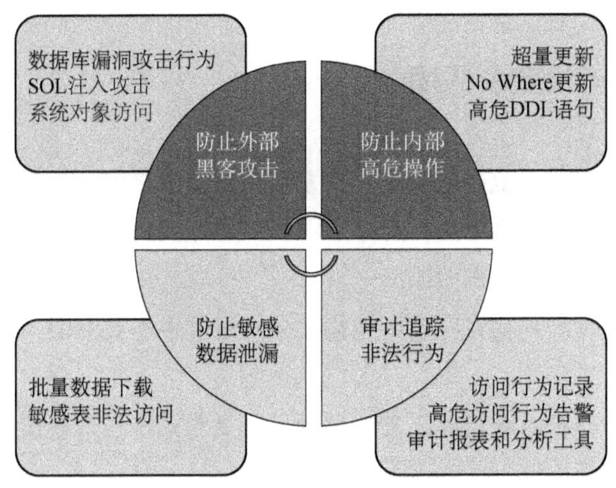

图 6-10　数据库安全保护示意图

6.5　Web 应用防护

随着 Web 应用越来越广泛，针对 Web 应用程序（Web 应用访问示意图见图 6-11）的攻击也逐渐增多，如跨站脚本攻击、SQL 注入、缓冲区溢出、拒绝服务攻击、改变网页内容等，Web 应用安全防护已成为等级保护工作中的重点。研究表明，大多数的安全漏洞来自于软件自身，并且已经超过网络、操作系统的漏洞数量。

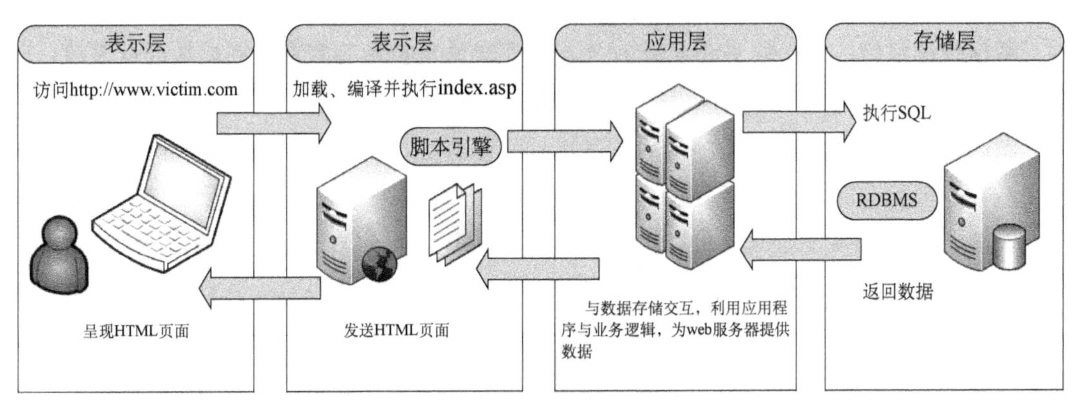

图 6-11　Web 应用访问示意图

6.5.1 Web 应用安全概述

Web 应用系统具有相对复杂的架构，从系统角度来看，Web 应用系统中的服务器和客户端，可以分成三个层面：应用层、支撑技术和中间件以及底层的计算机资源。Web 应用防护的主要目标包括以下两个方面：

（1）信息安全　保护数据在存储、传输、处理过程中不被泄漏、破坏和免受未授权的修改。

（2）服务安全　保护系统连续正常的运行，免受对系统的未授权修改、破坏而导致系统不可用。

6.5.2 Web 应用面临的主要风险和漏洞

DDoS：借助于客户/服务器技术，将多个计算机联合起来作为攻击平台，对一个或多个目标发动 DDoS 攻击，从而成倍地提高拒绝服务攻击的能力。

缺少认证机制或者认证机制配置不当：在 Web 应用程序权限设置不正确、不完整或甚至缺少授权检查，可能会允许攻击者访问敏感信息或未授权访问登录用户的信息。这些问题很常见，实际上所有 Web 应用程序在 UI 中使用验证函数级别访问权限。如果请求不验证，攻击者能够伪造请求，以访问未经授权的功能。

敏感数据泄漏：大多数 Web 应用程序没有正确地保护敏感数据，例如认证证书等，攻击者可以窃取或修改这些数据，可能会导致敏感数据泄漏。

源码泄露：当 Web 应用程序的后端环境代码暴露给不涉及应用程序开发的用户时，会发生源代码泄露问题。源代码泄露使攻击者能够通过读取代码和检查逻辑缺陷，以及查看硬编码的用户名/密码对或者 API 密钥来发现这个应用程序的不足以及漏洞。

目录遍历：文件名和路径公开相关的是 Web 服务器中的目录显示功能，此功能在 Web 服务器上默认提供。当没有默认网页时，在网站上显示 Web 服务器用户列表中的文件和目录。

利用已知的漏洞组件：漏洞组件加入被溢出，使用这些脆弱性组建的应用程序可能会影响应用程序的安全性，导致应用程序被攻击的范围和影响扩大。

防止信息泄漏应该注意的事项：

（1）确保 Web 服务器不发送显示有关后端技术类型或版本信息的响应头。

（2）确保服务器上运行的所有服务都不会显示其构建和版本的信息。

（3）确保所有目录的访问权限正确。

（4）避免将账户密码编码到代码中去，避免在注释中泄露敏感信息和资料。

（5）不要在网站上发布或存放任何敏感信息。

（6）检查每个请求是否具有适当的访问控制，防止越权访问。

（7）确保 Web 应用程序正确处理用户输入，并且始终为所有不存在/不允许的资源返回通用响应，以便混淆攻击者。

（8）考虑所有可能遇到的情况，当异常发生时，能够保证信息不被泄漏。

（9）配置 Web 服务器以禁止目录遍历。

6.5.3　Web 应用安全防护关键点分析

1. 身份鉴别分析

身份鉴别安全控制点主要关注用户身份鉴别的功能，主要包括专用的登录控制模块、采用两种或两种以上组合的鉴别技术等。

（1）对于采用两种或两种以上组合的鉴别方式，可以基于数字证书的 UKEY 等方式，以实现双重的身份认证，强化身份认证功能。

（2）Web 应用程序应该建立安全策略配置功能，可以实现统一的 Web 用户安全策略配置，也可以针对每个账户进行单独的安全策略配置。

2. 访问控制分析

基于角色访问控制的一个重要特征是支持三条安全准则：最小特权，即通过给用户仅配置完成工作所需权限实现最小特权；职责分离，即通过角色静态、动态的互斥实现职责分离；数据抽象，即通过对操作的封装实现数据抽象。

（1）对于权限可以继续地进行细粒度的控制，例如通过控制模块及数据展示可以实现更加细粒度的权限控制要求，角户如果具有模块级权限，就可以看到该模块页面。

（2）可以在基于角色访问控制的基础上，为应用系统的功能菜单和操作分配安全标记，安全标记由级别和范畴集组成。其中，级别为资源的重要程度；范畴为资源可被使用的范围。

3. 通信保密性分析

通信保密性主要关注通信过程中的会话，要求采用加密技术来实现初始化会话验证以及对整个通信报文或会话进行加密。

（1）Web 应用安全一般要保证通信过程数据完整性需要使用 https 协议来实现，一般 Web 服务器具有此类型的证书。

（2）SSL 要求客户端与服务器之间的所有发送的数据都被发送端加密、接收端解密，同时还应检查数据的完整性。

6.5.4 主要 Web 应用防护工具

1. Web 应用防火墙

Web 应用防火墙（其布署见图 6-12）提供了应用级的网站安全综合解决方案，是集 Web 防护、网页保护、应用交付于一体的 Web 整体安全防护设备的产品，可以提供针对 Web 特有入侵方式的加强防护，如 DDoS 防护、SQL 注入、XML 注入、XSS 等，以保障用户核心应用与业务持续稳定地运行。

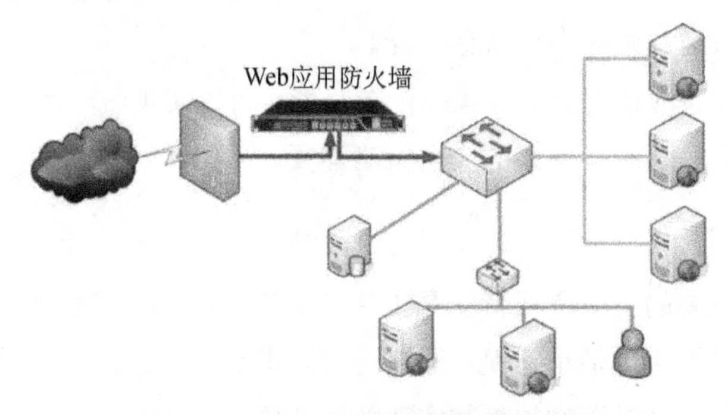

图 6-12 Web 应用防火墙部署示意图

Web 应用防火墙可以在事前自动发现新增资产、评估漏洞及是否有保护策略；构建 L2～L7 层纵深防御体系，屏蔽防护短板且具备联动和关联分析能力；事后进行行为审计，深度挖掘访问行为、分析攻击数据、提升应用价值，为评估安全状况提供详尽报表。

2. 云安全防御平台

目前，多数公安网安部门以及部分第三方服务提供商建设了云安全防御平台（其示意图见图 6-13），在提供 Web 应用实时深度监控和防御的同时，实现对 Web 应用程序的攻击分析、智能扫描、云端加固、防御告警、敏感信息泄露防护等功能，为 Web 应用提供全方位的防护解决方案。主要可以实现以下功能：

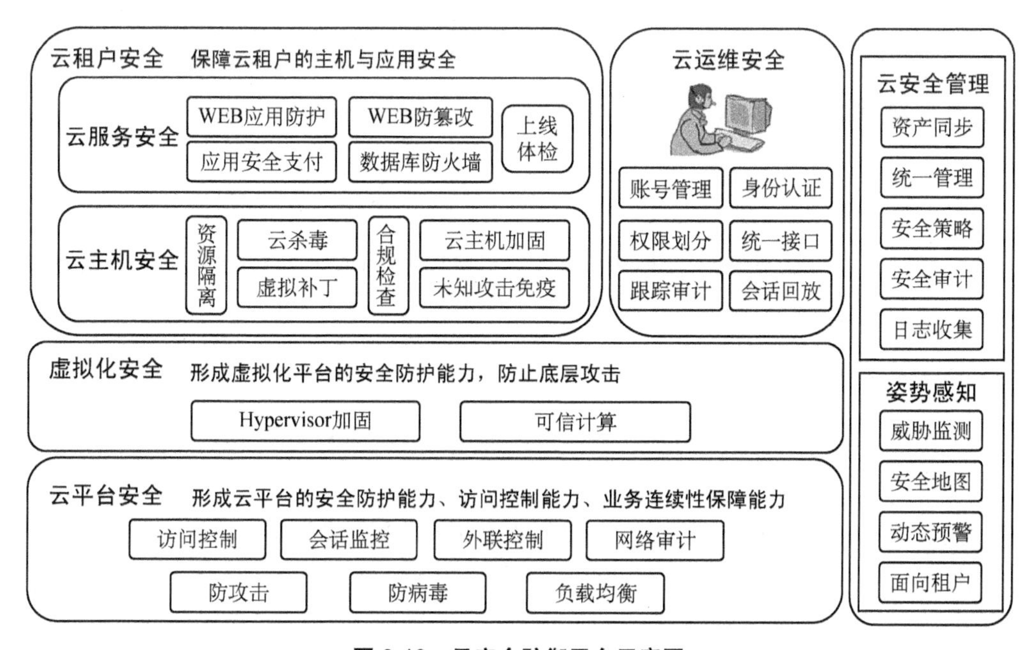

图 6-13　云安全防御平台示意图

（1）安全监控　为用户提供了自定义时段内的安全概况、防护监控、攻击类型与风险占比、防御日志等重要信息，包括站点受攻击次数、时段、数量、危害，攻击者的分布、来源、渠道、手段等，还可以对攻击过程进行检索与排查，对防御日志进行排序与查看，从而掌握网站的安全概况。

（2）攻击分析　采用可视化、图形化呈现，可以直观及时地了解攻击者与被攻击对象的多角度信息，包括坐标、地理位置、网络渠道、时段等信息，安全管理人员通过分析结论而采取相应措施。全球地区组合图表的使用进一步提升了攻击方式、攻击渠道、攻击时段的多视角展现，对于每次攻击可以逐条追溯来源、手段以及具体的攻击代码。

（3）智能防御　通过大量的攻防模拟与机器学习模型对终端进行持续升级，使得受保护的门户网站具备特征匹配校验与攻击智能分析双重安全保护，不但将请求中存在风险的参数、字符以及文件进行智能清洗与攻击阻断，确保只有安全的网络请求才能到达 Web 应用程序内部，同时也只允许安全的正常内容返回到用户浏览器端。

（4）应用扫描　可以准确识别安装防护系统之前与之后存在于服务器上，因其他应用程序或未修补系统漏洞而造成的病毒传染与木马后门等。

（5）云端加固　可以将最新的应用层风险特征码与拦截库在云端自动识别生成，推送至用户服务器中；还将终端风险提报给专业的安全实验室进行漏洞测试，有针对性地编制并下发防御补丁，使得应用在防御常见风险攻击的同时，还可防御零日漏洞、偏门攻击等。

（6）攻击告警　可在第一时间掌握攻击来源、攻击威胁、攻击频率，并可即时采取相应的防范措施。用户在不打开系统的情况下，仍可以第一时间通过邮件、短信或者微信接收到应用攻击提醒与安全提示。

3. DDoS 近源防护

是指由电信运营商提供的针对拒绝服务攻击的防护，以针对攻击源的流量清洗和压制为主要手段，是一种弃卒保帅的手段，避免全站服务对所有互联网用户彻底无法访问，确保源站的稳定可靠。DDoS 近源防护是对超过自身带宽存储和自身 DDoS 防御能力之外的超大流量的补充性缓解措施。

第7章 安全建设管理

7.1 安全建设管理风险

安全建设管理风险主要来源于信息安全管理体系的不健全，以及因相关控制措施的缺失而导致的信息系统及信息工程规划设计、软件开发、工程实施、测试验收及系统交付等阶段工作内容和工作流程的不全面、不规范问题，进而有可能导致信息系统或信息工程在安全功能和相关控制措施方面的缺陷，为规性和信息系统运维埋下隐患。

7.2 安全建设管理目标

通过建立信息系统及信息工程规划设计、软件开发、工程实施、测试验收及交付等阶段的控制措施，将这些控制措施和流程落实到管理制度文档，并进行合理的发布和实施。确保信息系统在规划、开发、实施、测试验收和交付阶段工作内容和工作流程的全面、规范、符合项目管理的要求。

7.3 安全建设管理要求

1. 定级和备案要求

本项要求包括：

（1）应以书面的形式说明保护对象的边界、安全保护等级及确定等级的方法和理由。

（2）应组织相关部门和有关安全技术专家对定级结果的合理性和正确性进行论证和审定。

（3）应确保定级结果经过相关部门的批准。

（4）应将备案材料报主管部门和相应公安机关备案。

2. 安全方案设计要求

本项要求包括：

（1）应根据安全保护等级选择基本安全措施，依据风险分析的结果补充和调整安全措施。

（2）应根据保护对象的安全保护等级及与其他级别保护对象的关系进行安全整体规划和安全方案设计，并形成配套文件。

（3）应组织相关部门和有关安全专家对安全整体规划及其配套文件的合理性和正确性进行论证和审定，经过批准后才能正式实施。

3. 产品采购和使用要求

本项要求包括：

（1）应确保信息安全产品采购和使用符合国家的有关规定。

（2）应确保密码产品采购和使用符合国家密码主管部门的要求。

（3）应预先对产品进行选型测试，确定产品的候选范围，并定期审定和更新候选产品名单。

4. 自行软件开发要求

本项要求包括：

（1）应确保开发环境与实际运行环境物理分开，测试数据和测试结果受到控制。

（2）应制定软件开发管理制度，明确说明开发过程的控制方法和人员行为准则。

（3）应制定代码编写安全规范，要求开发人员参照规范编写代码。

（4）应确保具备软件设计的相关文档和使用指南，并对文档使用进行控制。

（5）应确保在软件开发过程中对安全性进行测试，在软件安装前对可能存在的恶意代码进行检测。

（6）应确保对程序资源库的修改、更新、发布进行授权和批准，并严格进行版本控制。

（7）应确保开发人员为专职人员，开发人员的开发活动受到控制、监视和审查。

5. 外包软件开发要求

本项要求包括：

（1）应在软件交付前检测软件质量和其中可能存在的恶意代码。

（2）应要求开发单位提供软件设计文档和使用指南。

（3）应要求开发单位提供软件源代码，并审查软件中可能存在的后门和隐蔽信道。

6. 工程实施要求

本项要求包括：

（1）应指定或授权专门的部门或人员负责工程实施过程的管理。

（2）应制订工程实施方案控制安全工程实施过程。

（3）应通过第三方工程监理控制项目的实施过程。

7. 测试验收要求

本项要求包括：

（1）制订测试验收方案，并依据测试验收方案实施测试验收，形成测试验收报告。

（2）应进行上线前的安全性测试，并出具安全测试报告。

8. 系统交付要求

本项要求包括：

（1）应制定交付清单，并根据交付清单对所交接的设备、软件和文档等进行清点。

（2）应对负责运行维护的技术人员进行相应的技能培训。

（3）应确保提供建设过程中的文档和指导用户进行运行维护的文档。

9. 等级测评要求

本项要求包括：

（1）应定期进行等级测评，发现不符合相应等级保护标准要求的及时整改。

（2）应在发生重大变更或级别发生变化时进行等级测评。

（3）应选择具有国家相关技术资质和安全资质的测评单位进行等级测评。

10. 服务供应商选择要求

本项要求包括：

（1）应确保服务供应商的选择符合国家的有关规定。

（2）应与选定的服务供应商签订相关协议，明确整个服务供应链各方需履行的信息安全相关义务。

（3）应定期监视、评审和审核服务供应商提供的服务，并对其变更服务内容加以控制。

7.4 安全建设管理措施

1. 定级和备案

等级保护制度是我国保证信息系统安全的重要手段，是在合规性管理的重要工作内容。信息系统定级和备案是开展等级保护工作的重要内容，也是最先开展的环节，定级的准确性决定了信息系统在后续规划、设计和项目建设阶段是否全面、准确。因此，必须建立与等级保护相关的管理制度，要求信息系统的规划和建设者必须参照国家相关标准，以书面的形式准确地描述保护对象，包括其安全边界、信息资产、业务功能、安全保护等级，以及等级确定的方法和依据，并填写公安机关要求的其他备案材料。在完成材料准备后，应组织相关业务部门和外部安全技术专家对定级结果的合理性和准确性进行审定，如果有上级主管部门，还应当通过上级主管部门的审核，在按照专家和主管部门的审定意见完成备案材料的修订后，应将修改后的材料报主管部门和公安机关审查，完成备案。

2. 安全方案设计

确定信息系统的安全等级保护级别后，就唯一确定了一组针对该等级的控制措施，应该根据信息系统面临的风险和相应的安全措施，进行安全整体规划和安全方案的设计，并组织业务部门、上级部门和外部安全专家对设计方案进行评价审定。

3. 产品采购和使用

信息安全产品是落实控制措施的重要手段之一，如何采购到符合组织需要的、符合国家相关部门标准的产品是非常重要的，一旦购买的产品不能满足信息安全保护的要求，可能会给相关业务系统带来严重损失。因此，必须按照项目管理的采购知识领域的要求，建立产品采购相关的制度，控制产品采购的过程。建议制定不同类型产品必须满足的资质级别要求，特别是商用密码产品必须满足国家密码主管部门的相关要求。在开始采购产品之前预先对产品的性能和功能进行测试，确保产品不存在性能虚标，可以满足项目建设的功能要求，产品本身的安全防护能力可以达到信息系统相同等级保护级别的要求；而产品的测试结果形成组织候选产品清单，并根据国家相关部门要求的变化及组织业务的需要定期审定和更新该产品清单。产品采购阶段应考虑：

（1）为了满足用户身份鉴别要求，需要确认厂商所宣称身份的信任级别。

（2）无论是业务用户、特权用户，他们的访问资源调配与授权过程应该是相同的。

（3）用户和操作员的权限及职责。

（4）资产需要达到的保护要求，包括但不限于可用性、保密性和完整性等。

（5）源自业务过程的要求，例如交易记录、监视和抗抵赖等。

（6）其他安全控制强制的要求，例如日志记录和监视或数据泄露检测系统之间的接口。

如果购买产品，则需要遵循一个正式的测试和获取过程。与供应商签订的合同需要给出已确定的安全要求，如果推荐的产品的安全功能不能满足要求，在购买产品之前需要重新考虑引入的风险和相关控制措施。

4. 自行软件开发管理措施

软件源代码、测试数据和测试结果作为组织的重要资产，一旦泄露会导致非常严重的后果，因此必须建立软件开发相关的管理制度，明确开发环境的安全性要求，例如开发和测试环境要和生产环境物理隔离，从生产环境抽取的测试数据必须进行必要的脱敏工作；明确开发过程安全，例如开发过程中由谁负责代码的审核、由谁负责代码的安全性测试，并注意权限职责的分离；应明确编码安全规范，至少包含变量的命名、数据库连接等临界资源的获取和释放、输入数据的过滤和数据流的控制、程序异常的处理等内容，必要时，对开发人员进行安全开发方面的培训；明确文档管理和代码版本控制，对开发过程中产生的设计文档、测试文档、使用文档等进行合理的分类分级，确定不同类型和级别的文档的阅读人员和访问权限，并注意这些文档和代码的更新等；明确开发人员的行为准则，包括职业道德、保密要求、BYOD 工作中个人设备的保护要求等。

安全开发是建立安全服务、安全架构、安全软件和系统的必然要求。基于一个安全开发策略，以下方面需要充分考虑：

（1）开发环境安全。

（2）软件开发方法的安全。

（3）所使用编程语言的安全编码指南。

（4）设计阶段的安全要求。

（5）项目里程碑中的安全核查点。

（6）安全知识库。

（7）安全版本控制。

（8）所要求的应用安全知识。

（9）开发人员避免、发现和修复软件脆弱性的能力。

考虑制定安全编码标准并且强制使用，对开发人员进行代码开发、测试或评审标准的培训，并对标准落实情况进行控制和验证。

5. 外包软件开发管理措施

外包软件的开发过程不在组织的掌控之下，因此必须对软件质量和文档提出相关要求。例如要求开发商提供软件的源代码，进行代码安全审计，发现代码存在的方法误用、授权验证、数据验证、异常处理、密码加密等方面的代码问题，以及可能存在的软件后门。

外包软件开发时，在组织的整个外部供应链中，需要考虑下列要点：

（1）有关外包内容的许可证安排、代码所有权和知识产权。

（2）安全设计、编码和测试实践的合同要求。

（3）为外部开发者提供被认可的威胁模型。

（4）交付物质量和准确性的验收测试。

（5）用于建立安全和隐私质量最小化可接受级别（阈值）的证据的条款。

（6）已应用足够的测试来防止交付过程中有意或无意的恶意内容的证据的条款。

（7）已应用足够的测试来防止存在已知脆弱性的证据的条款。

（8）当开发出现重大问题时的处理措施，例如，如果源代码不可用时。

（9）审核开发过程和控制措施的合同权利。

（10）创建可交付使用的有效文档。

（11）组织应确保自身可以实现验证控制措施有效的职责。

6. 工程实施管理措施

组织应建立工程实施相关的管理制度，明确工程实施管理的目的、要点和责任部门，包括安全建设工程实施的组织管理工作以及落实安全建设的责任部门和人员，保证建设资金足额到位，选择符合要求的安全建设整改服务商，采购符合要求的信息安全产品，管理和控制安全功能开发、集成过程的质量等方面。并且为保证建设工程的安全和质量，信息系统安全建设工程可以实施监理。监理内容包括对工程实施前期安全性、采购外包安全性、工程实施过程安全性、系统环境安全性等方面的核查。

工程实施阶段的主要目的是将所有的模块（软硬件）集成为完整的系统，并且检查确认集成以后的系统符合要求。

本阶段应完成以下具体信息安全工作：

由授权或指定专职人员代表组织负责工程实施过程的管理；由工程实施单位根据具体项目情况制定详细的工程实施方案来控制实施过程，并监督工程实施单位认真执行安全工程过程；找出并描述实现安全方案后系统和模块的安全要求和限制，以及相关的系统验证机制及检查方法；完善系统的运行程序和全生命周期的安全计划，如密钥的分发等；对项目参与人员进行信息安全意识培训；对参加项目建设的安全管理和技术人员的安全职责落实情况进行检查。

安全建设整改工程实施的组织管理工作包括保证落实安全建设整改的责任部门和人员，保证建设资金足额到位，选择符合要求的安全建设整改服务商，采购符合要求的信息安全产品，管理和控制安全功能开发、集成过程的质量等方面。

7. 测试验收管理措施

组织应建立工程测试验收相关的管理制度，明确要求在测试验收前制定针对本次工程的测试验收方案，工程验收的内容包括全面检验工程项目所实现的安全功能，设备部署、安全配置等是否满足设计要求和安全规范，工程施工质量是否达到预期指标，工程档案资料是否齐全等方面，并形成测试验收报告和安全测试报告。在通过安全测评和试运行的基础上，组织业务、技术人员以及安全专家进行工程验收。

一般项目可按照以下三步骤进行项目测试验收工作。

1）安全测试

安全测试阶段应制定测试大纲，在项目实施完成后，由组织和项目承接单位共同组织测试。对于第三级以上的应用系统整改建设，由组织委托第三方测试单位对系统进行安全性测试，并独立不受干扰地出具安全性测试报告。在测试大纲中应至少包括以下安全性测试和评估内容：

（1）配置管理　系统开发单位应使用配置管理系统，并提供配置管理文档。

（2）安装、生成和启动程序　应制定安装、生成和启动程序，并保证最终产生了安全的配置。

（3）安全功能测试　对系统的安全功能进行测试，以保证其符合详细设计并对详细设计进行检查，保证其符合概要设计以及总体安全方案。

（4）系统管理员指南　应提供如何安全地管理系统和如何高效地利用系统安全功能和保护功能等详细准确的信息。

（5）系统用户指南　必须包含两方面的内容：首先，它必须解释那些用户可见的安全功能的用途以及如何使用它们，这样用户可以持续有效地保护他们的信息；其次，它必须解释在维护系统安全时用户所能起的作用。

（6）安全功能强度评估　功能强度分析应说明以概率或排列机制（如，口令字或哈希函数）实现的系统安全功能。例如，对口令机制的功能强度分析可以通过说明口令空间是否足够大来判断口令字功能是否满足强度要求。

（7）脆弱性分析　应分析所采取的安全对策的完备性（安全对策是否可以满足所有的安全需求）以及安全对策之间的依赖关系。通常可以使用穿透性测试来评估上述内容，以判断它们在实际应用中是否会被利用来削弱系统的安全。

测试完成后，项目测试小组应提交安全测试报告，其中应包括安全性测试和评估的结果。不能通过安全性测试评估的，由测试小组提出修改意见，项目开发承担单位应做进一步修改。

2）安全试运行

测试通过后，由项目应用单位组织进入试运行阶段，应有一系列的安全措施来维护系统安全，它包括处理系统在现场运行时的安全问题和采取措施保证系统的安全水平在系统运行期间不会下降。具体工作如下：

监测系统的安全性能，包括事故报告；进行用户安全培训，并对培训进行总结；监视与安全有关的部件的变更或移除；监测新发现的对系统安全的攻击、系统所受威胁的变化以及其他与安全风险有关的因素；监测安全部件的备份支持，开展与系统安全有关的维护培训；评估系统改动对安全造成的影响；监测系统物理和功能配置，包括运行过程。在试运行情况报告中应对上述工作做总结性描述。

3）测试验收

系统安全试运行过后，可以组织由项目开发承担单位和相关部门人员参加的项目验收组对项目进行验收。验收应增加以下安全内容：

项目是否已达到项目任务书中制定的总体安全目标和安全指标，实现全部安全功能；采用技术是否符合国家、行业有关安全技术标准及规范；是否实现验收测评的安全技术指标；项目建设过程中的各种文档资料是否规范、齐全。

在测试验收报告中也应在以下条目中反映对系统安全性验收的情况：项目设计总体安全目标及主要内容；项目采用的关键安全技术；验收专家组中的安全专家出具安全验收评价意见。

8. 系统交付管理措施

组织应建立系统交付相关的管理制度，明确系统建设完成后，项目承建方要向组织交付的内容，建议至少包括详细的系统交付清单、制定项目培训计划、系统建设的各类过程文档、系统运行维护的操作手册和帮助，并且系统交付过程文档必须有项目承建和组织双方项目负责人进行签字确认。

系统建设完成后，项目承建方要依据项目合同的交付部分向组织进行项目交付，交付的内容至少包括：制定详细的系统交付清单，对照系统交付清单，对交付的设备、软件和文档进行清点；制定项目培训计划，对系统运维人员进行技能培训，目标是经过培训的系统运维人员能胜任日常的运维工作；提供系统建设的各类过程文档，包括但不限于：实施方案、实施记录等；提供系统运行维护的帮助和操作手册；系统交付工作由组织、项目承建方共同参与，双方签字确认后，交付物交由组织方管理。

9. 等级测评

应结合等保的定级备案部分的要求建立相关等级保护测评的管理制度，明确信息系统按照国家相关部门的要求进行等级保护测评工作，一旦系统发生重大变更或保护级别变化时要重新进行测评工作。此外，还应当对备选的测评机构进行资质审查，形成候选测评机构清单，并根据国家相关部门要求的变化及组织业务的需要定期审定和更新该清单。

10. 服务供应商选择管理措施

组织应建立服务供应商选择和管理相关的管理制度，明确系统集成商的资质要求，产品、系统或服务提供单位的工商管理要求，安全服务商的资质要求，人员的资质要求，与这些供应商需要签订安全责任合同书或保密协议等文档的内容。

为降低供应商访问组织资产带来的风险，需要与供应商协商并记录相关信息安全要求。

组织需要确定和授权特定说明的供应商，允许其访问组织策略中的信息安全控制措施信息。这些控制措施需要说明组织已实施的过程和规程，以及组织需要供应商实施的过程和规程，包括：

（1）确定和记录允许访问组织信息的供应商类型，例如 IT 服务、物流服务、金融服务、IT 基础组件服务等。

（2）管理供应商关系的标准化过程和生命周期。

（3）定义允许不同类型供应商访问信息的类型，监视和控制访问。

（4）每种类型信息和访问的最小化安全要求作为单个供应商协议的基础，最小化信息安全要求基于组织的业务需求及其风险轮廓确定。

（5）监视的过程和规程遵从为每种类型供应商及访问建立的信息安全要求，包括第三方评审和产品验证。

（6）准确性和完整性控制以确保信息或由任何一方所提供信息处理的完整性。

（7）为了保护组织信息，适用于供应商的业务类型。

（8）处理供应商访问相关的事件或突发事件，涉及组织和供应商的职责。

（9）如果必要，实施复原、恢复和应急计划确保任何一方所提供信息处理的可用性。

（10）针对与供应商人员交互的组织人员开展意识培训，培训内容涉及基于供应商类型和供应商访问组织系统及信息级别的规则和行为。

（11）在一定条件下，将信息安全要求和控制措施记录在双方签订的协议中。

（12）为管理信息、信息处理设施及其他还需删除的信息设立必要过渡期，确保整个过渡期的信息安全。

需要建立供应商协议并文件化，以确保在组织和供应商之间关于双方要履行的信息安全相关义务不存在误解。

为满足识别的信息安全要求，需要考虑将下列条款包含在协议中：

（1）被提供和访问信息的描述以及提供和访问信息的方法。

（2）根据组织的分类方案进行信息分类，如果需要，则要将组织自身的分类方案和供应商的分类方案进行映射。

（3）包括数据保护、知识产权和版权的法律、法规要求，并描述如何确保这些要求得到满足。

（4）每个合同的合约方有义务执行一套已商定的控制措施，包括访问控制、性能评审、监视、报告和审核。

（5）信息可接受的使用规则，如果需要也包括不可接受的使用规则。

（6）授权访问或接收组织信息和规程的供应商人员列表及授权和撤销供应商人员访问或接收组织信息的条件。

（7）合同具体约定的相关信息安全策略。

（8）事件管理要求和规程（特别是故障修复期间的通告和合作）。

（9）具体规程和信息安全要求的培训和意识要求，例如事件响应、授权规程等。

（10）分包的相关规则，包括需要实施的控制措施。

（11）相关协议方，包括处理信息安全问题的联系人。

（12）如有对供应商人员的审查要求，包括实施审查的职责、审查未完成或审查结果引起疑问或关注的通知规程。

（13）审核供应商协议相关过程和控制措施的权力。

（14）缺陷和冲突的解决过程。

（15）供应商有义务定期递交一份关于控制措施有效性的独立报告，并且同意及时纠正报告中提及的问题。

（16）供应商有义务遵从组织安全要求。

第8章 安全策略和管理制度

安全策略和管理制度重点关注安全策略、管理制度的制定和发布、评审和修订等方面。根据系统的安全等级，依照国家相关法律法规及政策标准，制定信息安全工作的总体方针和安全策略，规范各种安全管理活动的管理制度，对管理人员或操作人员执行的日常操作建立操作规程。

通过建立信息安全的各项管理规范和技术标准，规范基础设施建设、系统和网络平台建设、应用系统开发、运行管理等重要环节，奠定信息安全的基础，形成由安全政策、管理制度、操作规程等构成的全面的、系统的信息安全管理制度体系。

8.1 安全策略和管理制度的风险

1. 安全策略的风险

信息安全策略是信息安全管理的重要组成部分，信息安全策略的缺失或不细致、不规范，将影响信息安全保护工作的整体性、计划性和规范性，对于各项措施和管理手段的落地实施存在不利影响，将会对信息安全的整体指导和应急指挥带来危害，产生信息安全漏洞或造成救援混乱。

2. 管理制度的风险

安全管理制度在信息安全管中起约束和控制作用，安全制度不健全，或者不能贯穿信息安全管理的各方面、全流程，特别是存在老制度管新技术，缺乏动态的、持续的管理制度，加之内部制约机制不完善、检查督导不到位，致使信息安全隐患无法得到及时识别、快速解决。

8.2 安全策略和管理制度的目标

1. 安全策略的目标

信息安全策略是一个组织、机构关于信息安全的基本指导规则，为更好的开展信息安全保护工作，应制定总体方针和安全管理策略，说明机构安全工作的总体目标、范围、原则和安全框架，明确需要保护什么，为什么需要保护和由谁进行保护。

目标是形成机构纲领性的安全策略文件，包括确定安全方针，制定安全策略，以便结合等级保护基本要求系列标准、行业基本要求和安全保护特殊要求，构建机构等级保护对象的安全技术体系结构和安全管理体系结构。

2. 管理制度的目标

根据机构的总体安全策略和业务应用需求，制定信息安全管理制度，加强过程管理和关键信息基础设置管理的风险分析和防范，对安全管理活动中的各类管理内容建立安全管理制度，对安全管理人员或操作人员执行的日常管理操作进行规范，建立标准化、规范化、流程化的操作规程。包括安全管理办法、标准、指引和程序等。

8.3 安全策略和管理制度的要求

1. 安全策略的要求

应制定信息安全工作的总体方针和安全策略，说明机构安全工作的总体目标、范围、原则和安全框架等。

2. 管理制度的要求

（1）应对安全管理活动中的各类管理内容建立安全管理制度。

（2）应对要求管理人员或操作人员执行的日常管理操作建立操作规程。

（3）应形成由安全策略、管理制度、操作规程、记录表单等构成的全面的信息安全管理制度体系。

8.4 安全策略和管理制度的措施

8.4.1 安全策略的措施

1. 确定安全方针

形成安全方针文件，阐明安全工作的使命和意愿，定义信息安全的总体目标，对应信息安全责任机构和职责，建立安全工作运行模式等。

信息系统的安全管理需要明确信息系统的安全管理目标和范围，应包括针对涉及国家安全、社会秩序、经济建设和公共利益的信息和信息系统，建立相应的安全管理机构，制定包括系统设施和操作等内容的系统安全目标与范围计划文件，制定相应的安全操作规程，制定信息系统的风险管理计划，为达到相应等级技术要求提供相应的管理保证；提供信息系统安全的自动监视和审计；提供信息系统的认证、验收及使用的授权的规定；提供对信息系统进行强制安全保护的能力和设置必要的强制性安全管理措施，确保数据信息免遭非授权的泄露和破坏，保证信息系统安全运行。

例 8-1

实施 ISO 27001 管理体系的组织明确的安全方针和目标

（1）信息安全方针

加强信息系统安全保障工作，确保重要信息系统的实体安全、运行安全和数据安全。

（2）ISMS（信息安全管理体系）方针

XX 依据建立、实施、运行、监视、评审、保持和改进的方法论，基于风险管理建立并运行 XX 信息安全管理体系，同时履行国家法律、行业法规及合同所规定的安全要求及义务，实现 XX 信息安全目标。

（3）信息安全目标

业务系统可用性：确保 XX 业务安全运营，系统安全稳定。

保证各种需要保密的资料（包括电子文档、磁带等）不被泄密，涉密信息不泄漏给非授权人员。

安全事故：不发生主要业务系统瘫痪、重要数据丢失和损坏，而严重影响正常业务开展的情况。

（4）数据收集、统计和分析

信息安全管理工作小组负责按月总结 XX 业务安全情况，报告重要安全事件和故障，汇报主要业务系统的运行数据。

对于未达成信息安全目标的，信息安全管理工作小组分析原因，找出解决办法，形成处理意见，并上报网络安全与信息化领导小组。

2. 制定总体安全策略

依照国家政策法规和技术及管理标准进行保护；阐明管理者对信息系统安全的承诺，并陈述组织机构管理信息系统安全的方法；说明信息系统安全的总体目标、范围和安全框架；申明支持信息系统安全目标和原则的管理意向；简要说明对组织机构有重大意义的安全方针、原则、标准和符合性要求；在接受信息系统安全监管职能部门监督、检查的前提下，依照国家政策法规和技术及管理标准自主进行保护；明确划分信息系统（分系统/域）的安全保护等级（按区域分等级保护）制定目标策略、规划策略、机构策略、人员策略、管理策略、安全技术策略、控制策略、生存周期策略、投资策略、质量策略等，形成体系化的信息系统安全策略。

3. 安全策略管理的制定

在建立和制定安全策略时，可从目的性、完整性、适用性、可行性、一致性等方面考虑，遵循定方案、定岗、定位、定员、定目标、定工作流程的方针。根据不同安全等级可分别制定不同的信息安全管理策略。

体系化的安全管理策略制定（等保三级）：应由网络安全与信息化领导小组组织制定，由该领导小组组织并提出指导思想，安全职能部门负责具体制定体系化的信息系统安全管理策略，包括总体策略和具体策略，并以文件形式表述。

安全策略的格式一般为：目标、范围、策略内容、角色责任、执行纪律、专业术语、版本历史等。

4. 安全管理策略的发布

信息系统安全管理策略应以文档形式发布，根据不同安全等级分别对应不同的安全管理策略发布要求。

体系化的安全管理策略的发布（等保三级）：在较完整的安全管理策略发布的基础上，安全管理策略文档应注明发布范围，并有收发文登记。

修订后的发布：对只需进行少量修改的修订，可采取追加改动的方式发布；对需要进行较大修改的策略修订，可采取替代方式重新发布。

例 8-2

实施 ISO 27001 管理体系的组织明确的信息安全管理策略

（1）目的

制定本文件目的在于确保 XX 信息安全目标的实现，信息安全目标如下：

确保信息系统的完整性、保密性、可用性、时效性、可审查性和可控性，保证系统的稳定、可靠和安全运行；

加强 XX 计算机信息系统安全保护工作，保障 XX 计算机信息系统安全、稳定运行，确保 XX 各项业务的顺利开展。

通过对具体工作中关于信息安全管理的规定，提高全体工作人员的安全意识，增强 XX 工作过程中信息的安全保障，最终确保 XX 所有信息得到有效的安全管理，维护 XX 利益。

本制度是 XX 各级组织制定信息安全的相关措施、标准、规范及实施细则都必须遵守的信息安全管理要求。

（2）信息安全原则

为了保证 XX 信息系统安全管理的一致性，在对信息系统的规划设计、开发建设、运行维护和变更废弃进行安全性考虑时，应充分遵循以下安全原则：

责任制原则　XX 计算机信息系统安全保护工作实行“谁主管谁负责”“预防为主、综合治理”“制度防范和技术防范相结合”的原则，加强制度建设，逐级建立计算机信息系统安全保护责任制；

规范化原则　遵循国内、国际的信息安全标准及行业规范，如等级保护；

全面统筹原则　信息安全保障工作贯穿于信息化全过程，坚持统筹规划、突出重点，安全与发展并进，管理与技术并重，应急防御与长效机制相结合；

实用性原则　在确保信息安全的前提下，讲究实效，避免重复投资和盲目投资，积极采用国家法律法规允许的、成熟的先进技术和专业安全服务，降低成本，保障安全稳定运行。

（3）实体和环境安全

关键或敏感信息的存放及其处理设备需要放在安全的地方，并使用相应的安全防护设备和准入控制手段进行保护，确保这些信息或设备免受未经授权的访问、损害或者干扰。

严格控制进出安全区域的人员，并使用必要的监控设备或手段监视人员在安全区域的行为。

存放关键或敏感信息的介质或设备离开工作环境（安全区域），运输、携带或在外部使用时需采取保护手段，防止信息被窃取和损坏。

存放关键或敏感信息的介质或设备，如果不再使用或转作其他用途，应将其中的数据进行彻底销毁。应注意选择数据销毁手段，确保数据真正无法恢复。

不得与任何外部的第三方共享业务数据，如有特殊需要，必须通过 XX 的最高领导层批准。

（4）操作管理

明确所有信息处理操作的流程，明确流程中每个环节的责任，确保信息处理过程安全无误。

信息系统必须建立详细的操作规范和要求，并对这些操作规范进行备案，进行定期检查，及时更新操作规范。

根据信息使用特性建立备份策略和恢复流程，留存一个或多个数据备份，并演练数据恢复流程。

信息系统应记录操作日志、事件日志和错误日志，根据信息等级和类型制定日志信息的保存期限（根据网络安全法要求，不得少于 6 个月），并且在适当的时候可监视设备运行和操作环境情况。

（5）访问控制

制定正式流程控制信息系统访问权限与服务使用权限的分配。这些流程应该涉及用户访问生命周期的各个阶段，从初期的新用户注册到用户因不再要求对信息系统和服务进行访问而最终取消注册，定期对用户访问权限进行检查。

XX 统一建立工作人员的身份信息库，并为每位工作人员配备相应身份卡，所有信息必须使用实名访问，除非信息明确标注可被匿名访问或使用其他认证策略。对于纸质文档的借阅、复印等需用身份卡进行实名登记，对于信息系统的访问必须使用统一的用户实名认证。

信息的逻辑访问权仅应授予合法用户，根据已经确定的业务访问控制策略来控制信息系统功能的用户访问权；防止能够越过系统访问控制措施的实用程序和操作系统软件的非法访问；仅能向信息所有者、其他指定的合法个人或定义的用户组提供信息访问。

（6）系统开发和维护

新系统和改进系统在建设过程中都应该考虑信息安全的需求，并采取相应的防范措施。

系统开发过程的产物（如设计文档、源代码、算法等）应严格管理，确保无关人员无法接触，并可有效控制这些产物传播范围。

对于系统中不可避免需要暴露的敏感信息，必须采取有效措施确保信息不会被无关人员获取或者确保信息不可被非法使用。

系统开发过程必须有配套的项目管理工作，以保证相关项目中可能涉及信息得到有效的管理。

系统维护必须做到权限清晰，系统中的重要数据必须指定专人负责数据管理。

开发、测试和线上环境分开，重要系统的开发、测试和维护职责必须分离。系统开发或变更结束，开发团队应与维护团队进行正式的系统交接工作，并提供必要的技术文档。

（7）信息安全风险评估和审计

信息安全风险评估主要是为了发现 XX 信息管理的安全漏洞，评估信息安全风险对 XX 的影响以及提出相应改进的措施。

信息安全风险评估主要由 XX 承担，由其制定相关风险评估模型并定期对各系统和流程进行评估。

信息安全审计主要是为了审核各级组织和系统是否按照 XX 相关制度和流程进行信息安全管理。

XX 根据相关内部审计制度建立信息安全审计制度，各系统和组织、个人必须严格按照安全审计规范开行相关工作，对于关键信息在其生命周期内都需要进行安全审计。

任何涉及信息安全的各系统和组织必须严格按照 XX 信息安全审计制度建立具体的可审计机制，任何关键信息的安全管理过程必须是可以被审计的。

XX 成立安全审计小组，定期审计各系统和组织的信息安全管理工作，各组织和个人必须积极配合 XX 信息安全审计工作。

5. 安全管理策略的评审和修订

应由网络安全与信息化领导小组和信息安全职能部门负责文档的评审和修订；应对安全策略和制度的有效性进行程序化、周期性评审，并保留必要的评审记录和依据；每个策略和制度文档应有相应责任人，根据明确规定的评审和修订程序对策略进行维护。

6. 安全管理策略的保管

安全策略文档应由指定专人保管，制定借阅策略时应限定借阅范围，并经过相应级别负责人审批和登记。

8.4.2 安全管理制度的措施

1. 分类建立管理制度

根据安全管理活动中的各类管理内容建立相应的管理制度。

制定机房、主机设备、介质安全、网络设施、物理设施分类标记等系统资源安全管理规定；

制定安全配置、系统分发和操作、系统文档、测试和脆弱性评估、系统信息安全备份和相关的操作规程等系统和数据库方面的安全管理规定；

制定网络连接检查评估、网络使用授权、网络检测、网络设施（设备和协议）变更控制和相关的操作规程等方面的网络安全管理规定；

制定应用安全评估、应用系统使用授权、应用系统配置管理、应用系统文档管理和相关的操作规程等方面的应用安全管理规定；

制定人员安全管理、安全意识与安全技术教育、操作安全、操作系统和数据库安全、系统运行记录、病毒防护、系统维护、网络互联、安全审计、安全事件报告、事故处理、应急管理、灾难恢复和相关的操作规程等方面的运行安全管理规定；

制定信息分类标记、涉密信息管理、文档管理、存储介质管理、信息披露与发布审批管理、第三方访问控制和相关的操作规程等方面的信息安全管理规定等在内的管理制度。

制定其他与信息安全相关的管理制度。

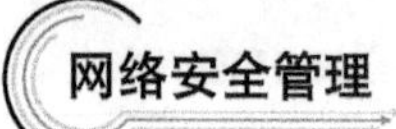

例 8-3

管理制度参考目录，见表 8-1。

表 8-1　管理制度参考目录

文档层级	序号	文档名称	文档层级	序号	文档名称
一级	1	信息安全管理手册	三级	21	人力资源管理规定
二级	1	信息安全管理策略		22	物理安全规定
	2	文档管理规范		23	访问控制规定
	3	合规性实施规范		24	用户标识与口令管理指南
三级	1	管理评审控制规定		25	开发安全管理规定
	2	系统安全管理制度		26	信息安全部门岗位职责说明
	3	软件开发管理规定		27	信息系统应急预案管理
	4	信息安全交流控制规定		28	业务连续性应急响应规定
	5	信息分级和管理规定		29	等级保护管理规定
	6	笔记本电脑管理规定		30	信息化项目管理办法
	7	变更管理规定		31	工程测试验收管理
	8	漏洞管理策略		32	系统交付管理
	9	第三方服务管理规定		33	服务商安全管理
	10	电子邮件管理规定		34	监控管理规范
	11	防病毒管理规定		35	安全预警管理办法
	12	介质安全管理规定		36	沟通与合作管理
	13	资产管理规定		37	IT 产品采购管理制度
	14	系统备份管理规定		38	过期信息保护制度
	15	日志管理规定		39	外包软件开发管理规范
	16	网络设备运维手册		40	机房安全管理制度
	17	网络安全管理规定		41	安全检查和审核管理
	18	信息系统授权及审批管理		42	工程实施管理
	19	风险评估管理规定		43	IT 设备安全管理制度
	20	安全事件处理规定			

2. 建立操作规程

根据不同的管理制度，针对相应的管理人员或操作人员执行的日常管理操作建立相应操作规程。

3. 形成制度管理体系

按照 ISO/IEC 27001 标准和信息系统生命周期的思想，制定信息安全管理方针和策略，采用风险管理的方法进行信息安全管理计划、实施、评审检查、改进的信息安全管理执行的工作体系。包括信息安全管理手册、适用性说明、管理制度与规范、业务流程和记录表单等。

例 8-4

信息系统全生命周期安全管理体系

（1）系统分析阶段

系统分析，也叫系统调查与分析，是信息系统生命周期的第一个阶段，也是最重要的一个环节。此阶段会产生信息系统安全保障建设和使用的需求，信息系统的风险及策略应加入至信息系统建设和使用的决策中，从信息系统建设的开始就应综合考虑系统的安全保障要求，使信息系统的建设和信息系统安全保障的建设同步规划、同步实施。此阶段可通过风险评估建立满足自身的业务信息安全需求，明确风险控制目标及安全管控措施，此阶段需要对风险评估过程进行管理。

（2）系统开发阶段

系统设计开发阶段的工作是对系统分析阶段的细化、深入和具体体现。在此阶段要基于系统需求和风险、策略将信息系统安全保障作为一个整体，进行系统体系的设计和建设，以建立信息系统安全保障整体规划和全局视野，此阶段需要着重对软件开发、开发安全和外包软件开发过程进行管理。

（3）系统实施阶段

系统实施是新系统开发工作的最后一个阶段。所谓实施指的是将上述系统设计开发阶段的结果在计算机上实现。系统实施交付阶段的主要任务是：按总体设计方案购置和安装计算机网络系统；建立数据库系统；程序设计与调试；整理基础数据；培训操作人员和试运行。此阶段需要着重对 IT 产品采购、工程实施、系统交付和工程测试验收等进行管理。

（4）系统运行维护阶段

信息系统进入运行维护阶段后，对信息系统的管理、运行维护和使用人员的能力等方面进行综合保障，是信息系统得以安全正常运行的根本保证。此阶段需要对系统漏洞、病毒防护、系统备份和恢复、系统安全、网络安全、配置变更和用户标识与口令等进行管理。

信息系统投入运行后并不是一成不变的，通过进行风险评估和等保测评发现新的安全风险，或着业务和需求的变更、外界环境的变更产生新的要求或增强原有的要求，应重新进入信息系统的分析阶段。

（5）系统废弃阶段

当信息系统的保障不能满足现有要求时，信息系统进入废弃阶段。此阶段涉及对信息、硬件和软件的废弃。此阶段的活动可能包括信息的转移、备份、丢弃、销毁以及对软硬件进行的密级处理。

4. 管理制度的制定和发布

安全管理制度制定时应内容明确、术语规范、用词准确、表述简洁；要求具有很强的操作性、统一性、稳定性、时效性，覆盖物理、网络、主机系统、数据、应用和管理等信息安全的各个层面，通过正式、有效的方式发布到相关人员，并进行版本控制。

安全管理制度的制定及发布，应有明确规定的程序，不同安全等级应分别对应不同的制度和发布要求。

体系化的安全管理制度的发布应由信息安全职能部门负责制定信息系统安全管理制度，并以文档形式表述，经网络安全与信息化领导小组讨论通过，由网络安全与信息化领导小组负责人审批发布，应注明发布范围并有收发文登记。

信息安全策略和管理制度制度发布后，应定期对安全管理制度的合理性和适用性进行论证和审定，对存在不足或需要改进的安全管理制度进行修订。

5. 管理制度的评审和修订

管理制度的评审和修订应由分管信息安全的负责人和信息安全职能部门负责文档的评审和修订；应定期或阶段性审查管理制度存在的缺陷，并在发生重大安全事故、出现新的漏洞以及机构或技术基础结构发生变更时，及时进行相应的评审和修订；定期对安全管理制度的合理性和适用性进行论证和审定，保证管理制度的适宜性和有效性；对评审后需要修订的策略和制度文档，应明确指定人员限期完成，并由原发布机构对修订内容按规定发布；对涉密的信息安全策略、规章制度和相关的操作规程文档的评审和修订应在相应范围内进行；必要时可请组织机构的保密管理部门参加文档的评审和修订，应征求国家指定的专门部门或机构的意见；应对安全策略和制度的有效性及时进行专项评审，并保留必要的评审记录和依据。

6. 管理制度的保管

对管理制度文档及操作规程文档，应指定专人保管；制定借阅策略和制度文档，以及相关的操作规程文档，应限定借阅范围，并经过相应级别负责人审批和登记。

例 8-5

实施 ISO 27001 管理体系的组织明确的文件控制与记录控制策略

（1）总则

XX 信息安全管理体系文件包括：

① 文件化的信息安全方针、控制目标。

② 信息安全管理手册（本手册包括信息安全适用范围及引用的标准）。

③ 本手册要求的《XX 规定》、《XX 管理规定》、《XX 控制规定》等支持性规范。

④ 确保有效策划、运作和控制信息安全过程所制定的文件化操作规范。

⑤《信息安全风险评估报告》、《风险处理计划》以及 ISMS 要求的记录类。

⑥ 相关的法律、法规和信息安全标准。

（2）文件控制

XX 制定并实施文档管理，对信息安全管理体系所要求的文件进行管理。对信息安全管理体系内一、二、三、四级文件及为保证信息安全管理体系有效运行的受控文件的编制、评审、批准、标识、发放、使用、修订、作废、回收等管理工作做出规定，以确保：

① 文件在发放前应按规定的审核和批准权限进行批准后才能发布。

② 必要时对文件进行评审与更新，并按规定的权限重新批准。

③ 对文件的修订进行标识，确保文件的更改状态清晰明了。

④ 信息安全管理工作小组应确保所有使用文件的场所能够获得有关文件的有效的最新版本。

⑤ 文件保持清晰、易于识别。

⑥ 文件可以被需要者所获得，并根据适用于他们类别的程序进行转移、存储和最终销毁。

⑦ 各部门获得外来文件应进行标识并控制发放，确保外来文件得到识别。

文件的分发得到控制。

信息安全管理工作小组应控制作废文件的使用，若各部门有必要保存作废文件时，应向信息安全管理工作小组报告，防止作废文件的非预期使用。

若因任何目的需保留作废文件时，应对其进行适当的标识。

（3）记录控制

XX 通过各控制程序所要求的记录证明信息安全管理体系建立、实施、运行、监视、评审、保持和改进的有效性和符合性，并记录与信息安全有关的事件。

XX 对信息安全管理体系内记录的标识、保存、保护、检索、保存期限和处置等信息进行管理，确保记录清晰、易于识别和检索。

信息安全管理体系内的记录应考虑相关法律法规要求。

例 8-6

实施 ISO 27001 管理体系的组织明确的内部审核策略

XX 按年度进行内部信息安全管理体系审核，以确定信息安全管理体系的控制目标、控制措施、过程和程序是否：

- 符合标准的要求和相关法律法规的要求。
- 符合已识别的信息安全要求。
- 得到有效的实施和维护。
- 按预期执行。

（1）内审策划

信息安全管理工作小组应考虑拟审核的过程和区域的状况和重要性以及以往审核的结果，对审核方案进行策划。应编制内审年度计划，确定审核的准则、范围、频次和方法。

每次审核前，信息安全管理工作小组应编制内审计划，确定审核的准则、范围、日程和审核组。审核员的选择和审核的实施应确保审核过程的客观性和公正性。审核员不应审核自己的工作。

（2）内审实施

应按审核计划的要求实施审核，包括：进行首次会议，明确审核的目的和范围、采用的方法和程序；实施现场审核，检查相关文件、记录和凭证，与相关人员进行交流，按照检查的情况填写检查表；对检查内容进行分析，召开内审首次会议、末次会议，宣布审核意见和不符合报告；审核组长编制审核报告。

对审核中提出的不符合项报告，责任部门应编制纠正措施，由信息安全管理工作小组对受审部门的纠正措施的实施情况进行跟踪、验证。

内部审核报告应作为管理评审的内容之一。

第9章

安全管理机构和人员

9.1 安全管理机构和人员风险

网络安全管理机构和人员管理经常面临的问题是：沟通与合作不畅、未审核和检查、岗位设置空缺、人员配备不合理、人员安全意识教育和培训不完善、外部人员访问管理不严格、安全责任不明确等问题。网络安全管理机构和人员管理制度的缺失或不完善，可能会导致信息系统安全受到影响，甚至会造成经济损失或产生法律责任。

9.2 安全管理机构和人员管理目标

单位通过建立健全安全管理机构和人员管理措施，如岗位设置、人员配备、受权审批、安全意识教育和培训等，可进一步明确责任边界、落实工作职责，能有效对安全管理和运维人员进行综合管理评价，最终构建安全管理体系，确保信息系统安全稳定运行。

9.3 安全管理机构和人员管理要求

1. 岗位设置要求

本项要求包括：

（1）应成立网络安全和信息化工作领导小组，统筹推进或组织本单位的网络安全和信息化工作，并作为单位信息化建设和管理的决策机构。一般情况下单位的主要负责人担任本单位网络安全和信息化领导小组组长。

（2）应设立网络安全和信息化工作领导小组办公室，跨部门统筹协调网络安全与信息化工作，一般有信息化或电子政务部门的主要负责人兼任办公室主任。

（3）应设立系统管理员、网络管理员、安全管理员等岗位，并定义部门及各个工作岗位的职责。

2. 人员配备要求

本项要求包括：

（1）应配备一定数量的系统管理员、网络管理员、安全管理员等。

（2）应配备专职安全管理员，不可兼任。

3. 授权和审批要求

本项要求包括：

（1）应根据各个部门和岗位的职责明确授权审批事项、审批部门和批准人等。

（2）应针对系统变更、重要操作、物理访问和系统接入等事项建立审批程序，按照审批程序执行审批过程，对重要活动建立逐级审批制度。

（3）应定期审查审批事项，及时更新需授权和审批的项目、审批部门和审批人等信息。

4. 沟通和合作要求

本项要求包括：

（1）应加强各类管理人员之间、组织内部机构之间以及网络安全职能部门内部的合作与沟通，定期召开协调会议，共同协作处理网络安全问题。

（2）应加强与兄弟单位、公安机关、各类供应服务商、业界专家及安全组织的合作与沟通。

（3）应建立外联单位联系列表，包括外联单位名称、合作内容、联系人和联系方式等信息。

5. 审核和检查要求

本项要求包括：

（1）应定期进行常规安全检查，检查内容包括系统日常运行、系统漏洞和数据备份等情况。

（2）应定期进行全面安全检查，检查内容包括现有安全技术措施的有效性、安全配置与安全策略的一致性、安全管理制度的执行情况等。

（3）应制定安全检查表格实施安全检查，汇总安全检查数据，形成安全检查报告，并对安全检查结果进行通报。

6. 人员录用要求

本项要求包括：

（1）对被录用人员的身份、背景、专业资格和资质等进行审查，对其所具有的技术、技能进行考核。

（2）应与被录用人员签署保密协议，与关键岗位人员签署岗位责任协议。

7. 人员离岗要求

本项要求包括：

（1）应及时终止或修改离岗人员的所有访问权限、密码等，取回各种身份证件、门禁、密钥等以及单位提供的软硬件设备。

（2）应办理严格的调离交接手续，并承诺调离后的保密义务后方可离开。

8. 安全意识教育和培训要求

本项要求包括：

（1）应对各类人员进行安全意识教育和岗位技能培训，并告知相关的安全责任和惩戒措施。

（2）应针对不同岗位制定不同的培训计划，对网络安全基础知识、岗位操作规程等进行培训。

9. 外部人员访问管理要求

本项要求包括：

（1）应确保在外部人员物理访问受控区域前先提出书面申请，批准后由专人全程陪同，并登记备案。

（2）应确保在外部人员接入网络访问系统前先提出书面申请，批准后由专人开设账号、分配权限，并登记备案。

（3）外部人员离场后应及时清除其所有的访问权限。

（4）获得系统访问授权的外部人员应签署保密协议，不得进行非授权操作，不得复制和泄露任何敏感信息。

9.4　安全管理机构和人员管理措施

1. 岗位设置

为有效实施网络安全管理，应建立网络安全管理组织架构。岗位设置需要考虑的元素包括：职责分离、工作职责和岗位轮换。

职责分离：职责分离属于安全概念，是指把关键的、重要的和敏感的工作任务分配给若干的管理员或高级执行者，这样能阻止任何一个人具备破坏或削弱重要安全机制的能力，可以将职责分离视为对管理员的最小特权原则的应用。

工作职责：工作职责是要求工作人员在常规的基础上执行的特定工作任务。根据工作职责，工作人员需要访问各种不同的对象、资源和服务。在安全的网络中，用户必须被授予访问与其工作任务有关的权限。

岗位轮换：岗位轮换是一种简单的方法，组织通过让工作人员在不同的工作岗位间轮换职位来提高安全性。一、通过岗位轮换提供一种知识冗余类型；二、岗位轮换可以减少伪造、数据更改、偷窃、阴谋破坏和信息滥用的风险；三、岗位轮换也提供了一种同级审计形式，能够防止共谋等风险。

保证网络安全是本单位工作人员必须共用承担的责任，网络安全管理组织架构是实施信息系统安全，进行安全管理的必要保证。一般来说，一个多部门组成的单位，基本的网络安全组织架构和岗位设置首先应建立网络安全与信息化领导小组，并在网信领导小组的基础上设立办公室、工作组等。

网络安全与信息化领导小组是本单位网络安全和信息化工作的最高领导决策机构，它不隶属于任何部门，其组长一般由本单位主要负责人担任，成员一般由本单位业务和网络安全相关的若干管理部门主要负责人组成，例如由信息中心、办公室、有关业务部门、行政部门、后勤保障等部门主要负责人组成。网络安全与信息化领导小组是一个常设机构，负责定期研究并对本单位网络安全与信息化工作进行指导、监督检查和管理，可以根据实际情况随时进行调整。

网络安全与信息化领导小组一般下设领导小组办公室（以下简称网信办），承担具体网络安全管理和保障任务。网信办一般下设网络安全管理工作小组及具体的网络安全管理岗位，一般由信息中心副职、主要技术人员、运维人员、外聘人员等组成，主要承担协调、技术、管理、维护等具体工作。有关网络安全组织机构设置和主要岗位职责分工列表参见表 9-1、表 9-2、表 9-3。

表 9-1　网络安全组织机构设置列表

组织结构	人员组成	岗位设置
网络安全与信息化领导小组	单位主要负责人、分管领导、其他相关分管领导、各部门主要负责人	组长、副组长、成员
网络安全与信息化领导小组办公室	信息中心主要负责人或副主任，办公室、财务、纪检等部门副职、有关业务部门副职	主任、副主任、成员
网络安全管理小组	信息中心主任或副主任、具体管理人员、技术人员、应急联络员、信息资产的责任人、外聘专家等	网络安全管理员、主机系统管理员、网络管理员、系统平台管理员、应用管理员、安全审计员、病毒防护员、密钥管理员、机房管理员、资产管理员、安全法律顾问等

表 9-2　网络安全管理机构及各岗位职责列表

网络安全与信息化领导小组办公室职责	信息中心正职职责	信息中心副职职责	网络安全管理员岗位职责
1)承办领导小组的日常事务，负责组织制定和实施安全策略和管理制度。 2）负责协调、督促各职能部门和有关单位的网络安全工作。 3）组织网络安全工作检查，分析网络安全总体状况，提出分析报告和安全风险的防范对策，组织实施网络安全运行监控与审计。 4）负责组织制定和实施网络安全技术方案、安全应急策略及应急预案。 5）负责本单位信息化重大项目建设，审核建设方案，监督和检查方案的实施，组织项目验收等。 6)决定相应应急预案的启动，负责现场指挥，并组织相关人员排除故障，恢复系统。 7）制定网络安全和信息化建设的业务规范、技术标准及相关管理、考核制度。 8）负责落实上级网络安全与	1）在分管领导的领导下，全面主持信息中心工作。 2）认真贯彻执行国家有关法规、法令及单位的有关规章制度，组织制定信息网络系统管理规章制度和本中心的管理实施细则，并检查执行情况。 3）根据单位的要求，组织和领导信息化的规划、建设、管理和维护工作，按期总结汇报。 4）领导和管理本中心各类人员的工作，制定岗位责任制，统筹分工，按期进行业务考核和调整。 5）制定中心年度工作计划，组织实施并检查执行情况，完成单位制定的综合目标考核。 6）掌握信息化的发展方向和业务知识，组织和领导本中心开展单位信息化的建设、新项目研发和政治业务理论学习，促进单位信息化建设和中心的发展。 7）组织制定和发布单位信息	1）在主任的领导下，做好分管部门的监督和管理工作。 2)辅助主任做好信息中心各项管理工作，协助主任与单位相关部门做好协调工作。 3）负责单位信息系统硬件、网络、数据库的安全运行保障工作；负责信息系统项目建设工程的管理和质量监督；负责计算机相关设备维修及配件、耗材的管理工作，检查核对设备与配件的维修情况和使用情况。 4）负责单位信息系统的应用、开发和管理工作，保障单位各信息系统的正常运行。 5）跟踪信息技术发展动态，对信息技术在单位的应用提出合理化建议和方案，协助主任组织制定和实施单位信息化建设发展规划、建设计划，并组织建设实施。 6)负责部门的人才队伍建设和培养，负责人员的合理分工和工作安排，认真做好本部门的	1）贯彻落实网络安全相关各项管理制度。 2）执行和维护本各项网络与网络安全保护技术措施。 3）每年对计算机网络与信息系统安全运行情况进行检查，及时查处不安全因素，排除安全隐患。 4）发生计算机网络与信息系统安全事故和计算机违法犯罪案件时，立即向本单位网络安全责任人报告，并采取必要的措施，避免危害扩大，同时配合公安等安全监管部门做好协助调查等工作。 5）编写违章报告、运行日志和其他计算机网络与信息系统安全有关的材料。 6）执行应急处置预案的管理和部署，开展应急演练培训。 7）每年组织对网络安全应急策略和应急预案进行测试和演练。

（续表）

网络安全与信息化领导小组办公室职责	信息中心正职职责	信息中心副职职责	网络安全管理员岗位职责
信息化工作方针政策的具体工作，开展网络安全与信息化工作重大问题研究。 9）负责组织制度落实情况检查、责任追究和奖励工作。 10）负责组织网络安全档案的建立与管理	系统的使用手册和操作规程，开展应用培训工作。 8）做好部门成员思想作风、工作作风、廉洁自律的工作。建立健全廉洁工作监督机制，建立风险预警机制，完善责任考核机制，并督促落实廉洁工作制度。 9）做好与相关部门的沟通与协调工作	年度工作计划和年度工作总结。 7）负责部门的业务学习和培训，做好工作人员的思想政治工作。协助主任完善与科室相关的廉洁工作监督机制、责任考核机制等规章制度，负责宣传教育，监督执行并督促检查责任制的落实。做好部门成员思想作风、工作作风、廉洁自律的工作。 8）完成好领导和主任交办的其他工作	8）负责组织网络安全教育培训

表 9-3　网络安全管理工作小组及各岗位职责列表

系统管理员岗位职责	网络管理岗位职责	应用管理岗位职责	数据库管理岗位职责
1）维护所辖业务信息系统正常运行所需的操作系统。 2）负责系统中 Windows、Linux 等操作系统以及中间件等软件系统的安装、维护、升级和备份等。 3）负责监控各操作系统运行状况，对其进行定时、不定时检查，出现故障时及时联系内外部资源排除系统故障。 4）负责制定、实施和管理操作系统层面的用户的申请、变更流程，检查系统用户的密码策略等安全策略的实施情况。 5）负责各系统数字证书、密钥等重要资源的制作生成。 6）定期进行系统漏洞扫描，形成漏洞扫描报告。 7）对单位信息系统建设和 IT 整体框架以及操作系统、中间件的选型提出合理化方案和建议。 8）负责与服务商联系，及时获取厂商的技术支持和最新的技术信息。 9）负责配合服务供应商对系统开展定期巡检。 10）负责定期出具所负责各操作系统的运维月报，并报信息中心主任进行汇总	1）负责单位网络的规划、实施，培训和指导其他人员落实网络规划。 2）规划设计科学先进的网络通信架构，确保计算机网络系统的高可用性和安全性。 3）根据单位业务发展规划，结合网络和网络安全领域的发展动态，收集相关成熟的技术方案及资料，不断推进网络系统有计划、逐步的健全和完善。 4）负责规划和完善通信线路资源的配比，保证在可接受价格范围内具有高可靠性和高稳定性。 5）参与建立单位统一的通信网络管理模式和制度，并监督执行。 6）负责中心机房、灾备机房、所有办公场所及营业机构中通信设备及线路的申请、安装、测试、配置、升级和管理维护工作，保障单位业务系统通信畅通。 7）负责网络整体部署规划和设备选型，参与单位装修工作，对网络部署提出合理化建议，满足当前及后期网络应用需求。 8）参与制定业务持续性计划	1）负责业务应用系统的建设维护工作，负责系统应用的配置及发布工作，负责对系统应用环境进行定期维护工作。 2）负责业务应用系统重要资源的申请、领用、归还、维护、验证、到期更换，并依照流程使用重要资源，以及保证重要资源的安全。 3）负责监控各系统中间件的运行状况，对其进行定时、不定时检查，出现故障时及时联系内外部资源排除系统故障。 4）负责监控各应用系统的运行状态，定期对运行数据、日志进行总结和分析，归纳系统运行规律，查找系统风险点，出具系统运营分析报告，分析发展趋势，制定优化策略。 5）负责对应用系统出现的问题进行规范管理。通过分析评估风险，配合需求管理岗，参与需求完善工作。 6）根据业务部门要求，设计新的业务流程。 7）配合测试人员与业务部门用户，参与系统新开发的功能测试。 8）负责对系统中机构、操作员的日常管理，包括机构、操	1）负责本单位信息系统数据管理工作。 2）结合本单位发展需要和信息管理策略，初步制定数据建设方案，经领导审批通过后推动实施。 3）根据本单位信息系统管理的规范性和前瞻性要求，建立本行各类信息数据标准，保证数据的规范性。 4）负责规划、制定、实施运行环境数据库系统的安装、调试和升级优化等解决方案，建立数据管理档案。 5）负责制定业务系统数据库备份策略，建立备份操作流程，定期对备份数据进行恢复性测试。 6）定期对本单位信息系统中的数据进行规范性检查，严格控制信息系统数据质量，保证重要数据的保密性、完整性和可用性。 7）负责制定数据库安全策略，提出灾备要求并协助完成。 8）监控各系统数据库运行状态，定期检查数据库运行日志，对数据库进行审计，及时提出优化方案。 9）负责定期出具所负责各系统数据库的运维月报，并报送

（续表）

系统管理员岗位职责	网络管理岗位职责	应用管理岗位职责	数据库管理岗位职责
	和信息系统的应急流程，并定期进行切换演练。 9）维护网络设备和网络线路的正常运行，监控网络（内网、外网及其他网络）环境，对出现的网络问题及存在的网络隐患进行及时处理。 10）监视网络运行状态，及时调整网络参数，合理调度网络资源。 11）负责管理和维护机房网络系统和单位的路由器、交换机、防火墙、调制解调器等网络设备及所有数据通信线路。 12）负责完善和保管各类网络系统技术资料，及单位各类网络系统的安全保密工作。 13）负责重要网络的备份管理，制定网络安全策略并实施或检查、指导实施。 14）根据日常工作需要或故障处理需要，及时与网络运营商、设备维护商联系，获取技术支持，或者排除网络故障。 15）定期或不定期对网络入侵情况进行检查，并生成相关报告。 16）定期或不定期对网络设备配置参数及日志进行检查分析，并生成相关报告	作员的增删，操作员权限的修改，密码初始化及操作员号的解锁工作，为系统操作员指定存取文件及数据的权限等。 9）对单位信息系统建设及硬件的选型提出合理化方案和建议。 10）对应用系统定期开展常规检查工作，并做好运行记录。 11）针对各类应用系统的风险，制定应急方案，并对应急方案的有效性进行验证。 12）参与对业务部门开展系统使用的培训。 13）安装、修改、升级应用软件，保障应用系统的正常运行。 14）负责周期性转存和恢复系统文件、应用软件、各种数据文件，清理日志，保证系统软件运行安全可靠。 15）根据应用系统灾备建设规划，对应用系统的系统软件进行定期备份，将备份介质异地存放并定期进行可用性检查。 16）建立完善的软件版本管理措施，把同一状态不同日期投产的软件版本区分开来，以避免版本的混乱。确保经维护的软件按照既定的流程投入使用。 17）定期对证书与密钥进行更新。 18）负责检查、修改应用软件存在的漏洞或缺陷。 19）负责跟踪和反馈各部门对应用软件系统的使用情况和意见。 20）负责指导或编写应用软件系统业务需求说明书，指导软件需求规格说明书的编写。 21）配合系统管理员和业务研发人员进行新应用软件的上线工作	信息中心主任进行汇总。 10）负责运行环境数据库系统变更操作以及数据库用户的管理。 11）及时排除数据库故障，做好对数据库系统维护日志的记录。 12）负责与数据库厂商联系，及时获取厂商的技术支持和最新的技术信息。 13）根据工作需要制定详细完整的工作手册并适时更新

2. 人员配备

1）网络安全管理员

网络安全管理员的职责如下：

（1）负责组织建立、实施和维护网络安全策略、标准、规章制度和各项操作流程。

（2）负责对安全产品购置提供建议，负责组织制定各种安全产品策略与配置规则，负责跟踪安全产品投产后的使用情况。

（3）负责指导并监督系统管理员（包括主机系统管理员、网络管理员、数据库管理员和应用管理员等）及普通用户与安全相关的工作。

（4）负责组织信息系统的安全风险评估工作，并定期进行系统漏洞扫描，形成安全评估报告。

（5）根据本单位的网络安全需求，定期提出网络安全改进意见，并上报网络安全管理部门。

（6）定期查看网络安全站点的安全公告，跟踪和研究各种网络安全漏洞和攻击手段，在发现可能影响网络安全的安全漏洞和攻击手段时，及时做出相应的对策，通知并指导主机系统管理员进行安全防范。

（7）负责组织审议各种安全方案、安全审计报告、应急计划以及整体安全管理制度。

（8）负责并参与安全事故调查。

2）主机系统管理员

主机系统管理员的职责如下：

（1）负责主机操作系统的安全配置（包括及时修补系统漏洞）和日常审计、系统应用软件的安装，从系统层面实现对用户与资源的访问控制。

（2）协助安全管理员制定主机操作系统的安全配置规则，并落实执行。

（3）负责主机设备的日常管理与维护，保持系统处于良好的运行状态。

（4）为安全审计员提供完整、准确的主机系统运行活动的日志记录。

（5）在主机系统异常或发生故障时，详细记载发生异常时的现象、时间和处理方式，并及时上报。

（6）编制主机设备的维修、报损、报废计划，报主管领导审核。

3）网络管理员

网络管理员的职责如下：

（1）负责网络的部署以及网络产品、网络安全产品的配置、管理与监控，并对关键配置文件进行备份，及时修补网络设备的漏洞。

（2）协助安全管理员制定网络设备安全配置规则，并落实执行。

（3）为安全审计员提供完整、准确地记录重要网络设备和网站运行活动的运行日志。

（4）在网络及设备异常或故障发生时，详细记录发生异常时的现象、时间和处理方式，并及时上报。

（5）编制网络设备的维修、报损、报废等计划，报主管领导审核。

4）系统平台管理员

系统平台管理员的职责如下：

（1）对数据库系统、中间件系统进行安全配置，修补已发现的漏洞。

（2）负责数据库系统、中间件系统的用户账号管理，对系统中所有的用户进行登记备案；对数据库系统、中间件系统的用户、口令的安全性进行管理；对数据库系统、中间件系统登录用户进行监测和分析。

（3）负责业务数据及系统其他重要数据的备份与备份数据管理工作。

（4）负责应用程序及中间件系统其他重要数据的备份与备份数据管理工作。

（5）为安全审计员提供完整、准确的数据库系统、中间件系统运行活动的日志记录，详细记载发生异常时的现象、时间和处理方式，并及时上报。

（6）在发生安全问题导致数据或应用程序损坏或丢失时，进行数据或应用程序的恢复。

（7）根据业务发展的需求，提交数据存储介质购买或存储系统扩容计划。

5）应用管理员

应用管理员的职责如下：

（1）对业务应用系统进行安全配置，督促软件开发商提供补丁修补已发现的漏洞。

（2）对业务应用系统的用户、口令的安全性进行管理，对业务应用系统的登录用户进行监测和分析。

（3）负责提出数据的备份要求，制定数据备份策略，督促数据库管理员按照备份方案按时完成，并恢复所需数据。

（4）实施系统软件版本管理、应用软件备份和恢复管理。

6）安全审计员

安全审计员的职责如下：

（1）负责定期对主机系统、网络产品、应用系统的日志文件进行分析审计，发现问题及时上报。

（2）负责对网络安全保障管理活动进行独立的监督，提供内部独立的审计和评估工作，并根据需要可以协同外部审计评估机构进行评估和认证，为决策领导提供信息系统和网络安全保障执行状况的客观评价。

7）病毒防护员

病毒防护员的职责如下：

（1）协助安全管理员制定病毒防范操作规程。

（2）负责执行和监督整个系统全面的杀毒工作。

（3）定时升级网络杀毒软件的病毒库，监督个人杀毒软件的升级工作。

（4）实时监控重要业务系统和数据的安全，杜绝非法开放的病毒入侵途径，降低病毒侵害的影响。

（5）及时报告上级部门病毒入侵和感染情况，提供感染频率高和严重性强的病毒的有效解决方案。

8）密钥管理员

密钥管理员的职责如下：

负责系统交易、传输、认证密钥的管理以及加密机的操作。

9）资产管理员

资产管理员的职责如下：

负责信息技术部门全部资产的采购、登记、分发、回收、废弃等管理。

10）机房管理员

机房管理员的职责如下：

（1）负责制定和执行适当的物理安全控制。

（2）主要负责非技术性的、常规的安全工作，如信息处理场地的保卫、办公室的安全，验证出入信息中心的手续和多项规章制度的落实。

11）安全法律顾问

安全法律顾问的职责如下：

负责本单位与外单位签署安全服务合同的法律咨询工作。

12）外聘技术专家

外聘技术专家的职责如下：

根据实际工作需要和本单位特点，可以选择长期或临时性聘请行业内有关技术专家提供网络安全规划、建设、实施、应急处置、故障研判等方面的咨询建议。

3. 授权和审批

应针对系统变更、重要操作、物理访问和系统接入等事项建立审批程序，按照审批程序执行审批过程，对重要活动建立逐级审批制度，分别详细记录在系统变更、重要操作、物理访问等管理体系中不同的授权和审批流程。

授权和审批的基本原则：

（1）坚持根据单位及上级部门的管理变化情况适时调整授权的原则，兼顾相对稳定和持续化。

（2）坚持授权与授责相结合、授权与监督相结合、有权必有责、有责要担当、失责必追究的原则。

4. 沟通和合作

加强各类管理人员、组织内部机构之间以及网络安全职能部门内部的合作与沟通，定期或不定期召开协调会议，共同协作处理网络安全问题。

5. 审核和检查

（1）网信办负责组织网络安全审核和安全检查管理，并严格规范安全审核和安全检查工作，按规定开展网络安全审核和安全检查活动。

（2）上级单位应牵头组织对下级单位或部门进行网络安全检查，各下级单位或部门负责组织本单位内部的网络安全自查工作。

（3）定期（至少每半年一次）或根据需要组织对信息系统的全面安全审核和检查，包括现有安全技术和管理措施的有效性、安全配置与安全策略的一致性、安全管理制度及执行情况等。

（4）定期（至少每半年一次）或根据需要进行常规的安全审核和检查，包括系统日常运行安全、系统漏洞、备份与恢复、应急响应等情况。

（5）在网络安全审核和安全检查中发现的安全隐患，要及时向网信办提交检查报告，网信办应及时制定网络安全隐患整改计划，提出改进意见，指导、督促相关部门限期整改，消除安全隐患。

6. 人员录用

由单位人力部门负责人员录用相关事宜，对被录用人员的身份、背景、专业资格和资质等进行审查，对其所具有的技术技能进行考核，并签署保密协议。

7. 人员离岗

工作人员离岗，应按照信息系统安全管理的要求，办理相关交接和责任变更手续，管理部门应及时更换系统口令，注销其所有账号，撤销其出入安全区域、接触敏感信息的权限，删除有关文件和信息，交接有关设备和文件，确保密码、设备、技术资料及相关敏感信息的安全。关键岗位人员离岗须承诺调离后的保密义务后方可离开。离职工作交接清单见表 9-4，员工离职资产移交单见表 9-5。

表 9-4　离职工作交接清单

姓名________　工号________　所属中心/科室、离职日期________			
事项一：工作和资料移交			
工作事项	移交文档、资料内容	数量	接收人签字
事项二：工作流代理			
需代理的工作流			代理人签字
事项三：个人电脑硬盘数据清除			
个人电脑归还资产管理部门前，部门领导请确认归还的电脑中工作数据资料已经全部转移并清除，若因未清除数据造成信息泄露，部门领导签名处签字人承担相关责任			
移交人签名		部门领导签名	

表 9-5 员工离职资产移交单

<table>
<tr><td colspan="8">姓名________ 工号________ 所属中心/科室________ 离职日期________
拥有资产清单</td></tr>
<tr><td rowspan="2">资产编号</td><td rowspan="2">资产名称</td><td rowspan="2">品牌/型号/配置</td><td rowspan="2">数量</td><td rowspan="2">实物管理部门查验结果</td><td colspan="3">如果有损坏或遗失需要填写该部分</td></tr>
<tr><td>原值</td><td>净值</td><td>赔偿金额</td></tr>
<tr><td></td><td></td><td></td><td></td><td></td><td></td><td></td><td></td></tr>
<tr><td></td><td></td><td></td><td></td><td></td><td></td><td></td><td></td></tr>
<tr><td></td><td></td><td></td><td></td><td></td><td></td><td></td><td></td></tr>
<tr><td></td><td></td><td></td><td></td><td></td><td></td><td></td><td></td></tr>
<tr><td colspan="8"></td></tr>
<tr><td colspan="2">资产移交后存放地点</td><td colspan="2"></td><td>保管人签名</td><td></td><td></td><td></td></tr>
<tr><td colspan="2">实物管理部门经办人签名</td><td colspan="2"></td><td>负责人签名</td><td></td><td></td><td></td></tr>
<tr><td colspan="2">固定资产会计签名</td><td colspan="2"></td><td>会计核算经理签名</td><td></td><td></td><td></td></tr>
<tr><td colspan="8">如果有损坏或遗失</td></tr>
<tr><td colspan="2">财务总监签名</td><td colspan="6"></td></tr>
</table>

8. 安全意识教育和培训

为了确保网络安全管理制度在单位内部得到有效的运行，督促各部门对网络安全体系进行持续有效的改进。网信办要负责制定网络安全意识教育和培训计划，开展网络安全管理制度、保密教育、技术防护措施等教育培训。单位全体工作人员每年应接受不少于两次的网络安全保密教育，关键岗位（部门）涉密人员，每年度必须接受不少于两次的网络安全保密岗位技能培训。网络安全保密教育采取授课、观看警示教育片等形式进行，如有可能组织一次网络安全保密知识测试。对涉及国家秘密、单位重要秘密的重大活动、重要项目，采取对有关人员进行有针对性的网络安全保密教育。开展教育培训的所有活动记录，应按规定归档保存。

安全意识教育和培训的基本内容：

（1）网络安全保密工作指导思想和方针政策的宣传教育。

（2）国家网络安全保密法律、法规和规章的宣传教育。

（3）网络安全等级保护法律法规教育。

（4）网络安全保密形势的宣传教育。

（5）网络安全保护技术和技能的宣传教育。

（6）新进人员的网络安全保密教育；

（7）涉密人员的网络安全保密教育；

（8）关键岗位、部门人员的网络安全保密教育；

（9）各级主管领导的网络安全保密培训教育。

（10）新进人员必须接受的网络安全保密法律法规的内容。

9. 外部人员访问管理

通过对外部人员的访问管理，减少安全风险，确保本单位计算机信息系统安全。外部人员包括临时工作人员、实习人员、参观检查人员、外来技术人员。

信息中心负责外部人员安全服务管理制度制定和技术防护措施；确定外部人员是否符合访问要求，与外部人员签订服务合同和保密协议，对外部人员的访问进行审批。外部人员如需访问重要区域，由外部人员向信息中心提出书面申请，经信息中心审核后报主管领导审批，主管领导签字并指派信息中心相关人员陪同进入重要区域；对于外部人员访问重要区域情况须由运维人员填写《外部人员访问重要区域记录表》，记录进入时间、离开时间、访问区域及陪同人员等。

访问服务结束后，本单位责任人员必须对信息系统和设备进行安全检查，确认对信息系统和设备没有造成安全影响后，双方签字方可离开现场。

信息中心及各业务部门负责各项管理制度和技术措施的具体落实；对外部人员进行网络安全控制和监督。对因工作需要提供给第三方安全服务人员的信息系统技术资料、管理制度等相关资料，要详细记录所提交的文档编号、内容简要、页码数、附件等相关内容，并要求服务方对检查结果的所有权、委托方的专利权、验证结果等进行保密。

信息中心负责对服务方各项保密措施的实施进行监督检查，并就发现的问题及时向对方通报。

第10章 安全运维管理

10.1 安全运维管理风险

IT系统能否正常运行直接关系到业务或生产是否能够正常进行。但IT管理人员经常面临的问题是：网络变慢、设备发生故障、应用系统运行效率很低。IT系统的任何故障如果没有及时得到妥善处理都将会产生很大的影响，甚至会造成巨大的经济损失。

10.2 安全运维管理目标

IT部门通过采用相关的方法、手段、技术、制度、流程和文档等，对IT运行环境（如软硬件环境、网络环境等）、IT业务系统和IT运维人员进行综合管理，构建安全运行维护体系。

10.3 安全运维管理要求

1. 环境管理要求

本项要求包括：

（1）应指定专门的部门或人员负责机房安全，对机房出入进行管理，定期对机房供配电、空调、温湿度控制、消防等设施进行维护管理。

（2）应建立机房安全管理制度，对有关机房物理访问，物品带进、带出机房和机房环境安全等方面的管理做出规定。

（3）应不在重要区域接待来访人员，接待时桌面上没有包含敏感信息的纸档文件、移动介质等。

2. 资产管理要求

本项要求包括：

（1）应编制并保存与保护对象相关的资产清单，包括资产责任部门、重要程度和所处位置等内容。

（2）应根据资产的重要程度对资产进行标识管理，根据资产的价值选择相应的管理措施。

（3）应对信息分类与标识方法做出规定，并对信息的使用、传输和存储等进行规范化管理。

3. 介质管理要求

本项要求包括：

（1）应确保介质存放在安全的环境中，对各类介质进行控制和保护，实行存储环境专人管理，并根据存档介质的目录清单定期盘点。

（2）应对介质在物理传输过程中的人员选择、打包、交付等情况进行控制，并对介质的归档和查询等进行登记记录。

4. 设备维护管理要求

本项要求包括：

（1）应对各种设备（包括备份和冗余设备）、线路等指定专门的部门或人员定期进行维护管理。

（2）应建立配套设施、软硬件维护方面的管理制度，对其维护进行有效的管理，包括明确维护人员的责任、涉外维修和服务的审批、维修过程的监督控制等。

（3）应确保信息处理设备必须经过审批才能带离机房或办公地点，含有存储介质的设备带出工作环境时其中重要数据必须加密。

（4）含有存储介质的设备在报废或重用前，应进行完全清除或被安全覆盖，确保该设备上的敏感数据和授权软件无法被恢复重用。

5. 漏洞和风险管理要求

本项要求包括：

（1）应采取必要的措施识别安全漏洞和隐患，对发现的安全漏洞和隐患及时进行修补或评估可能的影响后进行修补。

（2）应定期开展安全测评，形成安全测评报告，采取措施应对发现的安全问题。

6. 网络和系统安全管理要求

本项要求包括：

（1）应划分不同的管理员角色进行网络和系统的运维管理，明确各个角色的责任和权限。

（2）应指定专门的部门或人员进行账号管理，对申请账号、建立账号、删除账号等进行控制。

（3）应建立网络和系统安全管理制度，对安全策略、账号管理、配置管理、日志管理、日常操作、升级与打补丁、口令更新周期等方面做出规定。

（4）应制定重要设备的配置和操作手册，依据手册对设备进行安全配置和优化配置等。

（5）应详细记录运维操作日志，包括日常巡检工作、运行维护记录、参数的设置和修改等内容。

（6）应严格控制变更性运维，经过审批后才可改变连接、安装系统组件或调整配置参数，操作过程中应保留不可更改的审计日志，操作结束后应同步更新配置信息库。

（7）应严格控制运维工具的使用，经过审批后才可接入进行操作，操作过程中应保留不可更改的审计日志，操作结束后应删除工具中的敏感数据。

（8）应严格控制远程运维的开通，经过审批后才可开通远程运维接口或通道，操作过程中应保留不可更改的审计日志，操作结束后立即关闭接口或通道。

（9）应保证所有与外部的连接均得到授权和批准，应定期检查违反规定无线上网及其他违反网络安全策略的行为。

7. 恶意代码防范管理要求

本项要求包括：

（1）应提高所有用户的防恶意代码意识，告知对外来计算机或存储设备接入系统前进行恶意代码检查等。

（2）应对恶意代码防范要求做出规定，包括防恶意代码软件的授权使用、恶意代码库升级、恶意代码的定期查杀等。

（3）应定期验证防范恶意代码攻击的技术措施的有效性。

8. 配置管理要求

本项要求包括：

（1）应记录和保存基本配置信息，包括网络拓扑结构、各个设备安装的软件组件、软件组件的版本和补丁信息、各个设备或软件组件的配置参数等。

（2）应将基本配置信息改变纳入变更范畴，实施对配置信息改变的控制，并及时更新基本配置信息库。

9. 密码管理要求

本项要求包括：

应使用符合国家密码管理规定的密码技术和产品。

10. 变更管理要求

本项要求包括：

（1）应明确变更需求，变更前根据变更需求制定变更方案，变更方案经过评审、审批后方可实施。

（2）应建立变更的申报和审批控制程序，依据程序控制所有的变更，记录变更实施过程。

（3）应建立中止变更并从失败变更中恢复的程序，明确过程控制方法和人员职责，必要时对恢复过程进行演练。

11. 备份与恢复管理要求

本项要求包括：

（1）应识别需要定期备份的重要业务信息、系统数据及软件系统等。

（2）应规定备份信息的备份方式、备份频度、存储介质、保存期等。

（3）应根据数据的重要性和数据对系统运行的影响，制定数据的备份策略和恢复策略、备份程序和恢复程序等。

12. 安全事件处置要求

本项要求包括：

（1）应报告所发现的安全弱点和可疑事件。

（2）应制定安全事件报告和处置管理制度，明确不同安全事件的报告、处置和响应流程，规定安全事件的现场处理、事件报告和后期恢复的管理职责等。

（3）应在安全事件报告和响应处理过程中，分析和鉴定事件产生的原因，收集证据，记录处理过程，总结经验教训。

（4）对造成系统中断和造成信息泄漏的重大安全事件应采用不同的处理程序和报告程序。

13. 应急预案管理要求

本项要求包括：

（1）应规定统一的应急预案框架，并在此框架下制定不同事件的应急预案，包括启动预案的条件、应急处理流程、系统恢复流程、事后教育和培训等内容。

（2）应从人力、设备、技术和财务等方面确保应急预案的执行有足够的资源保障。

（3）应定期对系统相关的人员进行应急预案培训，并进行应急预案的演练。

（4）应定期对原有的应急预案重新评估，修订完善。

14. 外包运维管理要求

本项要求包括：

（1）应确保外包运维服务商的选择符合国家的有关规定。

（2）应与选定的外包运维服务商签订相关的协议，明确约定外包运维的范围、工作内容。

（3）应确保选择的外包运维服务商在技术和管理方面均具有按照等级保护要求开展安全运维工作的能力，并将能力要求在签订的协议中明确。

（4）应在与外包运维服务商签订的协议中明确所有相关的安全要求。如可能涉及对敏感信息的访问、处理、存储要求，对IT基础设施中断服务的应急保障要求等。

10.4 安全运维管理措施

10.4.1 环境管理安全措施

应建立机房管理制度，组织机房管理，提高机房安全保障水平，确保机房安全，通过对机房出入、值班、设备进出等进行管理和控制，防止对机房内部设备的非受权访问和信息泄露。

1. 机房出入管理

确定机房的第一责任人，所有外来人员进入机房必须填写《机房进出申请表》（见表 10-1），且经过第一责任人或授权人书面审批后方可进入。

表 10-1　机房进出申请表

<table>
<tr><td>申请人</td><td></td><td>联系方式</td><td colspan="3"></td></tr>
<tr><td>申请日期</td><td></td><td>访问日期</td><td></td><td>停留时间</td><td></td></tr>
<tr><td colspan="4">进出人员共</td><td></td><td>人</td></tr>
<tr><td>人员姓名</td><td>所在单位</td><td>证件类型</td><td colspan="2">证件号码</td><td>手机号码</td></tr>
<tr><td></td><td></td><td></td><td colspan="2"></td><td></td></tr>
<tr><td></td><td></td><td></td><td colspan="2"></td><td></td></tr>
<tr><td></td><td></td><td></td><td colspan="2"></td><td></td></tr>
<tr><td colspan="4">访问事由：</td><td colspan="2" rowspan="2">陪同人员签章</td></tr>
<tr><td colspan="4">□参观　□测试　□线路安装　□设备维护　□设备调整
□其他</td></tr>
<tr><td colspan="6">备注：</td></tr>
<tr><td colspan="6">访问审核：</td></tr>
<tr><td colspan="6">主管领导：</td></tr>
<tr><td colspan="6">归档人签名：
日期：</td></tr>
</table>

审批后的机房进入人员由当日的值班人员陪同，并登记《机房出入管理登记簿》（见表 10-2），记录出入机房时间、人员、操作内容和陪同人员。

表 10-2　机房出入管理登记簿

序号	日期	单位	姓名	联系方式	事由	进入时间	离开时间	陪同人员签字	领导审批

内部人员无须审批可直接进入机房，但须使用自己的门禁卡刷卡，严禁借用别人门禁卡进入。

机房工作人员严禁违章操作，严禁私自将外来软件带入机房使用。

计算机相关设备移入、移出机房应经过责任人审批并留有记录。严禁在通电的情况下拆卸、移动计算机等设备和部件。

2. 机房环境管理

保持机房整齐清洁，各种机器设备按维护计划定期进行保养，保持清洁光亮，至少每月由信息中心协调清洁人员，清洁一次灰尘。清洁期间当日值班人员必须全程陪同，防止清洁人员误操作。

定期（至少每季度一次）检查机房消防设备器材，并做好检查记录。

定期对空调系统运行的各项性能指标（如风量、温升、湿度、洁净度、温度上升率等）进行测试，并做好记录，通过实际测量各项参数发现问题及时解决，保证机房空调的正常运行。

机房内禁止随意丢弃存储介质和有关业务保密数据资料，对废弃存储介质和业务保密资料要及时销毁，不得作为普通垃圾处理。严禁机房内的设备、存储介质、资料、工具等私自出借或带出。

机房内严禁堆放与机房设备无关的杂物，避免造成安全隐患。

机房内应保持清洁，严禁吸烟、喝水、吃东西、乱扔杂物、大声喧哗。

机房禁止放置易燃、易爆、腐蚀、强磁性物品。

禁止将机房内的电源引出挪作他用，确保机房安全。

未经许可，机房内严禁摄影、摄像。

机房内机柜、设备未经许可，不得任意改动；如果已获得许可，需详细记录改动后的情况。

进入机房工作的人员有责任在工作完成后及时清理工作场地、清除垃圾、做好设备标签、关闭机柜柜门。

3. 机房值班管理

机房值班员由内部人员当日轮值值班员负责。机房值班人员应具有高度责任心，做到不迟到、不早退、不擅离职守。

机房安装的监控设备，由专人监控，值班人员须及时对可疑情况排查、确认。

机房值班人员应按要求及时监控机房内设备，包括网络设备、服务器、存储、安全设备、UPS、空调等设备的运行，发现问题妥善解决，并向相关岗位管理员报告。

值班人员负责当日的机房管理、安全检查；发现问题应及时报告相应系统或设备管理员，可协助初步处理网络、服务器及其他各类设备的技术问题，并做好处理记录。

值班人员须按照事先确定的巡检频率定时巡检机房（每日至少一次），并填写《机房巡检记录单》（见表 10-3）。

表 10-3　机房巡检记录单

日期	进入时间	出去时间	携带物	人员		
事项	日常巡检	设备安装	设备维护	带库维护	网络调整	空调维护
	领物取物	升级调试	环境监测	外来参观		
其他						

10.4.2　资产管理安全措施

组织应根据国家法律法规、行业要求、自身业务目标等识别信息生命周期（包括信息的创建、处理、存储、传输、删除和销毁）中相关的重要资产，并根据这些资产形成一份统一的信息资产清单。资产清单应至少包括资产类别、信息资产编号、资产现有编号、资产名称、所属部门、管理者、使用者、地点等相关信息。资产清单应有人负责进行维护，保证实时更新。

组织应建立资产安全管理制度，使拥有资产访问权限的人员意识到他们使用信息处理设施时是需要按照制度流程使用的，并且要对因使用不当造成的后果负责，确保组织资产管理顺利开展。

关于资产的分类，原则上可以分为硬件（计算机设备、存储设备、网络设备、安全设备、传输介质等）、软件（操作系统、系统软件、应用软件等）、电子数据（源代码、数据库数据、各种数据资料、系统文档、运行管理规程、计划等）、实体信息（纸质的各种文件，如传真、电报、财务报告、发展计划、合同、图纸等）、基础设施（UPS、空调、保险柜、文件柜、门禁、消防设施等）、人员（各级领导、正式员工、临时雇员等）。

此外，还需要对收集的资产进行分级，按照信息资产的公开和敏感程度，以及信息资产对系统和组织的重要性，建议按照如下原则进行分级：对于文档（含电子文档与纸质文档）、介质类的数据载体，按照承载信息本身的公开和敏感程度，该类信息资产拟划分为“工作秘密”“内部公开”“外部公开”三级，针对不同级别的资产标识不同的保护等级。

对于其他物理设备，按照其对系统和组织的重要程度，该类信息资产拟划分为“关键资产”“重要资产”“普通资产”三级，针对不同级别的资产标识不同的防护等级。

另外，还需要对不同类型的资产设置对应的使用规范。

10.4.3 介质管理安全措施

制定信息资产存储介质的管理规程，防止资产遭受未授权泄露、修改、移动或销毁以及业务活动的中断，对介质进行管理控制和物理的保护。

1. 介质标识

介质标识应贴在容易看到的地方，此标签必须在介质的表面上出现。

介质必须全面考虑介质分类标签的需求，如磁带、磁盘及其他介质等应有不同的分类标签。

介质标识一般至少应包含存储内容描述、创建日期、创建人、安全级别、责任人、存储位置等信息，统一做记录。

介质应根据所承载的数据和软件的重要程度对其加贴标识并进行分类，存储在由专人管理的介质库或档案室中，防止被盗、被毁以及信息的非法泄漏，必要时应加密存储。

2. 介质传递

介质在传递过程中，须采用一定的防篡改方式，防止未授权的访问。

如果介质中含有敏感信息，在被对外或内部传递时，必须放在标记的密封套子或是包装盒中，对介质中的信息进行加密，并亲自交付或安排专门的人员负责运送，对于含有秘密信息的存储介质在传递过程中必须亲自交给接受方。

敏感信息被传递到外部时，内部的标签需要明确标记为敏感信息，外盒或封套不标记内部信息字样，由介质保管者确定是否满足包装要求，并在介质授权人批准授权后方可带出。发送给外部的介质必须得到正确的追踪。

介质使用者应根据工作范围划分使用级别，严格控制使用权，严禁非法、越权使用。

介质需统一存储在介质管理库中并统一登记，必须明确记录介质的转移和使用。

3. 介质访问

存储设备的使用人员在安装和使用时必须防止未授权的访问；介质需提供给第三方使用时，应先进行审批登记。

必须对所有介质的出库和入库及其存储记录进行控制，如要从库中移出，由申请人或申请部门填写《介质进出记录表》（见表 10-4）。对标记为限制类的介质需经过领导和该介质所属业务部门领导签字同意，对标记为涉密的介质需由高级管理层以上负责人签字同意，方可移出。该记录表至少保存 1 年以上，以备库存管理和审计。

表 10-4 介质进出登记表

序号	物品名称	借用原因	使用人	借用日期	归还日期	IT 管理员签字	备注
1							
2							
3							
4							
5							

所有含有敏感信息的介质必须做好保密工作，禁止任何人擅自带离；如更换或维修属于合作方保修范围内的损坏介质，需要和合作方签订保密协议，以防止泄漏其中的敏感信息。

访问介质必须要有授权，并在介质管理人员处进行登记，填写《介质使用授权表》（见表 10-5）。

表 10-5 介质使用授权表

序号	物品名称	使用人员	批准人员	时间	备注
1					
2					
3					
4					
5					
6					

（续表）

序号	物品名称	使用人员	批准人员	时间	备注
7					
8					
9					
10					

使用者应对介质的物理实体和数据内容负责，使用后应及时交还介质管理员，并进行登记。

4. 介质保管

存储介质应保存在安全的物理环境下（如：防火、电力、空调、湿度、静电及其他环境保护措施）；每年组织专门人员对物理环境的安全性进行评估，以确保存储环境的安全性。

涉及业务信息、系统敏感信息的可移动介质应当存放在带锁的屏蔽文件柜中，对于重要的数据信息还需要做到异地存放，其他可移动介质应存放在统一的位置。

任何的介质盘点与检查出现差异必须报告给部门负责人，并且介质库房的所有介质，包括打开过的空白带、格式化过的、擦除过的都必须包括在清单盘点中，对介质负责的管理者必须对所有的清单文档签字确认。

5. 介质销毁

使用者认为不能正常记录数据的介质，必须由使用者提出报废介质申请，由安全管理员进行测试后并提出处理意见，报部门负责人批准后方可进行销毁。

如果第三方通过介质提供信息，并要求返还介质时，应保证介质内容已经被删除并不可恢复。

长期保存的介质，应定期进行重写，防止保存过久造成数据丢失。

超过数据保存期的介质，必须经过特殊清除处理后，才能视为空白介质。

对于需要送出维修或销毁的介质，应首先处理介质中的数据，防止信息泄漏。

介质销毁必须由安全管理员和使用部门组织实施，并填写《介质销毁记录表》（见表 10-6）。其他单位或个人不得随意销毁或遗弃介质。

对于保存待销毁介质的容器，应进行上锁或加封条等操作，防止介质被重新访问或使用。

表 10-6　介质销毁记录表

序号	物品名称	所有人	管理人员	销毁原因	销毁时间	销毁人	备注
1							
2							
3							
4							
5							
6							
7							
8							
9							
10							

6. 移动介质管理

根据业务需要给工作人员发放 U 盘、移动硬盘等移动介质仅作为业务需要之用。

工作人员不得将组织发放的移动介质用于非工作用途。

使用移动介质必须先进行病毒扫描。

工作人员私人移动介质不得存储敏感信息。

10.4.4　设备维护管理安全措施

建立设备维护管理制度，更好地发挥计算机信息化的作用，促进办公自动化、信息化的发展。

应指定专人负责 IT 设备的外观保洁、保养和维护等日常管理工作。指定管理人员必须经常检查所管 IT 设备的状况，保持设备的清洁、整齐，及时发现和解决问题。

IT 设备使用者应保持设备及其所在环境的清洁。严禁在计算机旁存放易燃品、易爆品、腐蚀品和强磁性物品。严禁在计算机键盘附近放置水杯、食物，防止异物掉入键盘。

指定管理人员要定期对计算机进行维护。发现病毒或发生故障时，使用者应及时与信息中心联系，设备使用人首先确保对数据、信息自行备份。

当 IT 设备无法自行维修时，如设备在保修期内出现故障时，由信息中心直接与供应商联系维修事宜；如设备已过保修期需要报请外修时，信息中心要及时查明原因，填写《IT 设备维修申请单》（见表 10-7），经负责人审批后联系维修事宜。

表 10-7　IT 设备维修申请单

<table>
<tr><td rowspan="4">申请部门填写</td><td>申请部门</td><td></td><td>申请人</td><td></td><td>申请日期</td><td></td></tr>
<tr><td>设备名称</td><td></td><td>紧急程度</td><td colspan="3">*可等待（1～2 天内解决）☐
*紧急（1～6 小时内解决）☐
*非常紧急（0～1 小时内解决）☐</td></tr>
<tr><td colspan="6">问题描述及要求：</td></tr>
<tr><td>特别说明</td><td colspan="2"></td><td>部门负责人意见</td><td></td><td></td></tr>
<tr><td rowspan="3">行政部填写</td><td colspan="3">维修详情：</td><td colspan="3">维修结果：</td></tr>
<tr><td>维修时间</td><td colspan="2"></td><td>完工时间</td><td colspan="2"></td></tr>
<tr><td>维修人</td><td colspan="2"></td><td>申请人确认</td><td colspan="2"></td></tr>
</table>

外包人员对 IT 设备进行维修时，信息中心指派人员陪同。若确实需要将含有敏感信息设备送至组织以外的地方进行维修，需要信息中心审批，经信息备份与清除处理后方可将设备带出并与维修方签订保密协议。

如 IT 设备经鉴定无法维修，或修理费用相当于或超过购置相同或相似规格的新产品时，对无法维修的 IT 设备作报废处理，未到报废期限的设备，经信息中心批准后作待报废处理。

当 IT 设备需要报废时，由申请报废的部门填写《IT 设备报废申请单》（见表 10-8），信息中心根据设备管理相关规定进行审批。

由申请报废的部门凭批准后的《IT 设备报废申请单》将报废设备交由信息中心进行信息资源回收处理，含有涉密或敏感信息的存储介质需要进行数据清除，并按照保密相关规定进行报废，避免信息泄露。

表 10-8 IT 设备报废申请单

<table>
<tr><td>申表人</td><td></td><td>所在部门</td><td colspan="3"></td></tr>
<tr><td>报废原因</td><td colspan="5">申请人签字________ 年 月 日</td></tr>
<tr><td>部门负责人
意见</td><td colspan="5">部门负责人签字________ 年 月 日</td></tr>
<tr><td rowspan="6">报废清单</td><td colspan="2">物品名称</td><td>数量</td><td>所在部门</td><td>备注</td></tr>
<tr><td colspan="2"></td><td></td><td></td><td></td></tr>
<tr><td colspan="2"></td><td></td><td></td><td></td></tr>
<tr><td colspan="2"></td><td></td><td></td><td></td></tr>
<tr><td colspan="2"></td><td></td><td></td><td></td></tr>
<tr><td colspan="5">验收人签字________ 年 月 日</td></tr>
<tr><td>分管领导
意见</td><td colspan="5">分管领导签字________ 年 月 日</td></tr>
<tr><td colspan="6"></td></tr>
</table>

10.4.5 漏洞和风险管理安全措施

应制定漏洞和风险管理制度，制定漏洞的发现和补丁管理的获取、测试、实施的流程，来封堵安全漏洞，消除安全隐患，确保信息系统正常、稳定、可靠地运行，以及推进信息安全风险工作的开展，确保信息安全风险评估实施的科学性、规范性和客观性。

信息安全管理是风险管理的过程，风险评估是风险管理的基础。风险管理是指导和控制组织风险的过程。风险管理遵循管理的一般循环模式——计划（Plan）、执行（Do）、检查（Check）、行动（Action）的持续改进模式。ISO27001 标准要求企业设计、实施、维护信息安全管理体系都要依据 PDCA 循环模式。

针对风险评估的范围，开展详细的风险分析（RA，Risks Analysis），包括业务影响分析（BIA，Business Impact Analysis）。风险分析的结果是风险评定的清单，并随后体现在风险图形化（又称风险轮廓）展示。

风险图形化展示帮助决定哪些风险的风险值过高而不能作为残余风险被接受（用定性的方法评估风险和评级）。针对这些风险，需要定义进一步的安全控制措施，然后进行新的风险再计算。

当所有的风险降到可以接受的水平，则产生了最终的风险展示图，余下的风险可以作为残余风险被接受，其结果可以被正式签署并公布。

10.4.6 网络和系统安全管理

制定网络和系统安全管理制度，建立健全的IT系统的安全管理责任制，提高整体的安全水平，保证网络通信畅通和IT系统的正常运营，提高网络服务质量，确保各类应用系统稳定、安全、高效运行。

1. 网络运行管理

网络资源命名按信息中心规范进行，建立完善的网络技术资料档案（包括：网络结构、设备型号、性能指标等）。

重要网络设备的口令要定期更改（周期应不超过3个月），一般要设置八个字符以上，并且应包含大写字母、小写字母、数字、字符四类中的三类以上，口令设置应无任何意义；口令应密封后由专人保管。

需建立并维护整个系统的拓扑结构图，拓扑图体现网络设备的型号、名称以及与线路的链接情况等。

涉及与外单位联网的，应制定详细的资料说明；需要接入内部网络时，必须通过相关的安全管理措施，报主管领导审批后，方可接入。

内部网络不得与互联网进行物理连接；不得将有关涉密信息在互联网上发布，不得在互联网上发布非法信息；在互联网上下载的文件需经过检测后方可使用，不得下载带有非法内容的文件、图片等。

尽量减少使用网络传送非业务需要的有关内容，尽量降低网络流量；禁止涉密文件在网上共享。

所有网络设备都必须根据采购要求购置，并根据安全防护等级要求放置在相应的安全区域内或区域边界处，合理设置访问规则，控制通过的应用及用户数据。

2. 运维安全与用户权限管理

仅系统管理员掌握应用系统的特权账号，系统管理员需要填写《系统特权用户授权记录》并由部门领导进行审批，该记录由文档管理员保管留存。

为保证应用系统安全，保证权限管理的统一有序，除另有规定外，各应用系统的用户及其权限，由系统管理员负责进行设置，并汇总形成《用户权限分配表》（见表 10-9）。

用户权限设置，按照确定的岗责体系以及各应用系统的权限规则进行，需遵循最小授权原则。

新增、删除或修改用户权限，应通过运维平台的用户权限调整流程来完成。

加强系统运行日志和运维管理日志的记录分析工作，并定期（至少每季度一次）记录本阶段内的系统异常行为，记录结果填入《系统异常行为分析记录单》。

表 10-9　用户权限分配表

序号	用户名	所属用户组	备注
1			
2			
3			
4			
5			
6			
7			
8			

检查人员：__________　系统名称：______________　检查日期__________

10.4.7　恶意代码防范管理安全措施

应建立防病毒管理制度，对计算机病毒进行预防和治理，进一步做好计算机病毒的预防和控制工作，切实有效地防止病毒对计算机及网络的危害，实现对病毒的持续控制，保护计算机信息系统安全，保障计算机的安全应用。同时，这部分的管理制度要与应急管理和变更管理等相结合，防止在应急响应期间或因不正确的变更引入恶意代码。

1. 病毒事件处理办法

终端用户发现病毒必须立刻报告给信息中心，服务器运维人员发现病毒必须立刻报告给安全管理员，同时使用计算机自带的杀毒软件进行病毒查杀。若防病毒软件对病毒无效且病毒对系统、数据造成较大影响的，相关人员必须立刻联系信息中心安全管理员。

安全管理员必须详细记录下病毒发生的时间、位置、病毒种类、病毒的具体功能、数据的损坏情况、硬件的损坏情况以及系统情况并进行病毒查杀处理；对于难以控制的恶性病毒，为避免进一步传播，可以将被感染的计算机从网络中断开；事后安全管理员必须调查和分析整个事件，并发出适当的病毒警告。

2. 主机和服务器防病毒策略

所有服务器必须有防病毒软件保护，同时对于文件保护不仅限于本地文件，也必须包括可移动存储设备中的文件。防病毒软件必须被设置成禁止用户关闭病毒警报、关闭防护功能和防卸载的措施，所有对防病毒软件的升级都必须是自动的。

3. 网关病毒扫描

目前通过网站传播病毒及恶意软件的现象非常的常见，这些病毒和软件利用浏览器漏洞可能传播到服务器或工作站之中。为加强病毒防范效果，应在网络边界处部署一个具有不同防病毒策略的防病毒网关设备。为了防止恶意软件，所有通过网站端口传输的数据包都必须被防病毒网关实时监控和扫描。

10.4.8 配置管理安全措施

应建立配置管理制度，确保组织内的网络、服务器、安全设备的配置可以得到妥善的备份和保存。如：

检查当前运行的网络配置数据与网络现状是否一致，如不一致应及时更新。

检查默认启动的网络配置文件是否为最新版本，如不是应及时更新。

网络发生变化时，及时更新网络配置数据，并做相应记录。

应实现设备的最小服务配置，网络配置数据应及时备份，备份结果至少要保留到下一次修改前。

对重要网络数据备份应实现异质备份、异址存放。

重要的网络设备策略调整，如安全策略调整、服务开启、服务关闭、网络系统外联、连接外部系统等变更操作必须填写《网络维护审批表》，经信息中心负责人同意后方可调整。

10.4.9　密码管理安全措施

建立密码密钥管理制度，特别标明商用密码、密钥产品及密码算法必须满足国家密码主管部门的相关要求。

10.4.10　变更管理安全措施

建立变更管理制度，规范组织各信息系统需求变更操作，增强需求变更的可追溯性，控制需求变更风险。

1. 变更原则

当需求发生变化，需对软件包进行修改/变更时，首先应和第三方企业/软件供应商取得联系并获得帮助，了解所需变更的可能性和潜在的风险，如项目进度、成本以及安全性等方面的风险。

应按照变更控制程序对变更过程进行控制。

实施系统变更前，应先通过系统变更测试，并提交系统变更申请，由信息安全工作小组审批后实施变更，重大系统变更在变更前制定变更失败后的回退方案，并在变更前实施回退测试，测试通过后提交网络安全与信息化领导小组审批后实施。

2. 系统数据和应用变更流程

信息中心组织审核该项变更，如审核通过，则撰写解决方案，并评估工作量和变更完成时间，经信息中心领导确认后，交系统管理员安排实施变更。

例如：变更流程操作及事项如下。

（1）系统管理员在需要变更前应明确本次变更所做的操作、变更可能会对系统稳定性和安全性带来的问题，以及因变更导致系统故障的处理方案和回退流程。

（2）将上述信息书面化，并以《变更申请表》（见表 10-10）的形式提交给信息中心安全管理员。

表 10-10　变更申请表

申请时间：____年____月____日____时____分

<table>
<tr><td>申请人</td><td></td><td>联系电话</td><td></td><td>传真</td><td></td></tr>
<tr><td>通信地址</td><td colspan="2"></td><td>电子邮件</td><td colspan="2"></td></tr>
<tr><td colspan="6">需要变更的系统名称及用途</td></tr>
<tr><td colspan="6"></td></tr>
<tr><td>责任部门</td><td colspan="2"></td><td>负责人</td><td colspan="2"></td></tr>
<tr><td colspan="6">计划变更时间、内容和操作步骤描述</td></tr>
<tr><td colspan="6"></td></tr>
<tr><td colspan="6">可预见的因变更导致系统稳定性和安全性问题</td></tr>
<tr><td colspan="6"></td></tr>
<tr><td colspan="6">因变更导致系统故障的恢复流程</td></tr>
<tr><td colspan="6"></td></tr>
<tr><td colspan="6">XX 安全管理员意见</td></tr>
<tr><td colspan="6">签字：</td></tr>
<tr><td colspan="6">XX 领导意见</td></tr>
<tr><td colspan="6">签字：</td></tr>
<tr><td colspan="6">变更后系统运行状况和安全性描述</td></tr>
<tr><td colspan="6"></td></tr>
<tr><td colspan="6">XX 安全管理员意见</td></tr>
<tr><td colspan="6">签字：</td></tr>
<tr><td colspan="6">XX 领导意见</td></tr>
<tr><td colspan="6">签字：</td></tr>
</table>

（3）安全管理员对《变更申请表》的内容进行仔细研读，确定变更操作安全可控后，在“××安全管理员意见”处签字认可后提交信息中心领导审批。

（4）信息中心领导对该项变更的风险和工作量进行审核，审核通过后在“××领导意见”处签字认可。

（5）系统管理员按照《变更申请表》规定的操作步骤进行配置变更。

（6）变更结束后由系统管理员和安全管理员共同对配置的生效情况、系统的安全性及稳定性进行验证，验证结束后由系统管理员填写《变更申请表》的系统验证部分，由安全管理员签字确认后提交给政务网络中心领导审批。

（7）《变更申请表》一式两份，分别由信息中心安全管理员和系统管理员妥善保存。

10.4.11　备份与恢复管理

建立数据备份与恢复管理制度，保障组织业务数据的完整性及有效性，以便在发生信息安全事故时能够准确及时地恢复数据，避免业务的中断。

1. 备份范围和备份方式

数据备份范围包括重要系统的操作系统、系统配置文件、数据文件和数据库。

备份方式有完全备份（Full）、增量备份（Cumulative Incremental）、差量备份（Differential Incremental）和数据库日志备份（Transation log Incremental）。

完全备份：完全备份是执行全部数据的备份操作，这种备份方式的优点是可以在灾难发生后迅速恢复丢失的数据，但对整个系统进行完全备份会导致存在大量的冗余数据，因此这种备份方式的劣势也显而易见，如磁盘空间利用率低，备份所需时间较长等。

增量备份：增量备份只会备份较上一次备份改变的数据，因此较完全备份方式可以大大减少备份空间，缩短备份时间。但在灾难发生时，增量备份的数据文件恢复起来会比较麻烦，也降低了备份的可靠性。在这种备份方式下，每次备份的数据文件都具有关联性，其中一部分数据出现问题会导致整个备份不可用。

差量备份：差量备份的备份内容是较上一次完全备份后修改和增加的数据，这种备份方式在避免以上两种备份方式缺陷的同时，保留了它们的优点。按照差量备份的原理，系统无需每天做完全备份，这大大减少了备份空间，也缩短了备份时间，并且用差量备份的数据在进行灾难恢复时非常方便，管理员只需要完全备份的数据和上一次差量备份的数据就可以完成系统的数据恢复。

各系统管理员根据自己负责系统的具体情况选择备份方式，基本原则是：保证数据的可用性、完整性和保密性均不受影响，且能够保证业务的连续性。

2. 存储备份系统日常管理

存储备份系统由信息中心安排专人负责管理和日常运行维护，禁止不相关人员对系统进行操作。系统集成商或原厂商须经许可，方可进行操作，并要服从管理，接受监督和指导。

任何人员不得随意修改系统配置、恢复数据，如需修改、恢复，须严格执行审批流程，经批准后方可操作。

对系统的变更操作须在系统配置文档中进行记录。

重要系统的数据必须保证至少每周做一次全备份，每天做一次增量备份。

定期（每年）对备份恢复工作进行测试，以确保备份数据的可恢复性。

当存储备份系统出现告警或工作不正常，引起应用系统无法访问、系统不能备份时，应立即启动应急预案，恢复系统正常运行，并及时上报。

系统需定期（每半年）进行一次健康检查，检查内容及工作方案由系统管理员配合系统集成商和原厂商制定，经批准后方可执行，并提交详细的定检报告。

10.4.12 安全事件处置

制定网络安全事件管理制度，规范管理信息系统的安全事件处理程序，确保各业务系统的正常运行和系统及网络的安全事件得到及时响应、处理和跟进，保障网络和系统持续安全稳定运行。

网络安全事件的处理流程主要包括：发现、报告、响应（处理）、评价、整改、公告、备案等，如图 10-1 所示。

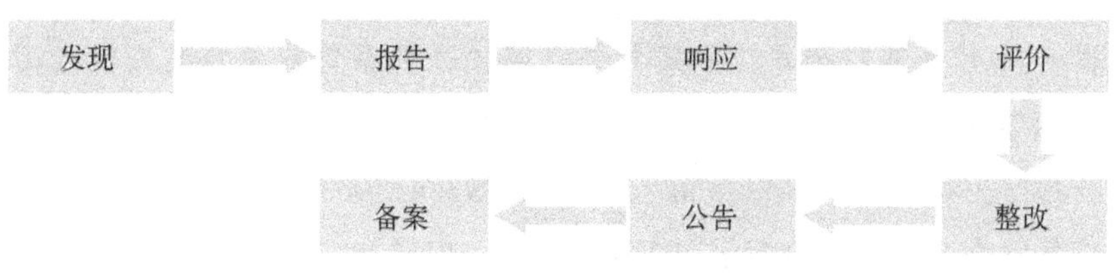

图 10-1　网络安全事件处理流程

10.4.13　应急预案管理

建立网络安全事件应急预案管理制度，确保信息系统的连续性，系统、有组织地做好应急预案的管理工作。尽量降低风险，减少损失，最大限度地降低信息系统故障给工作所造成的影响。

按照国家和行业标准建立总体预案，明确故障分类、事件级别、预案的启动和终止、事件的上报等，按照风险评估所发现的风险建立分项预案，如网络攻击事件处置预案、设备故障事件处置预案、信息内容安全事件处置预案等，明确针对不同事件的应急响应办法，并定期进行演练和总结。

例 10-1

×××单位网络安全事件应急预案

一、总则

1.1　编制目的

建立健全网络安全事件应急工作机制，提高应对网络安全事件能力，预防和减少网络安全事件造成的损失和危害，确保重要信息系统的实体安全、运行安全和数据安全，保护公众利益，维护国家安全、公共安全和社会秩序。

1.2　编制依据

（1）《中华人民共和国网络安全法》。

（2）《中华人民共和国突发事件应对法》。

（3）《国家网络安全事件应急预案》。

（4）《国家突发公共事件总体应急预案》。

（5）《突发事件应急预案管理办法》。

（6）《国务院有关部门和单位制定和修订突发公共事件应急预案框架指南》（国办函［2004］33号，2004-04-06）。

（7）《信息安全事件分类分级指南》（GB/Z 20986—2007）。

（8）《信息安全事件管理指南》（GB/Z 20985—2007）。

1.3 适用范围

本预案所述网络安全事件是指由于自然灾害、人为原因、软硬件缺陷或故障等，对网络和信息系统或者其中的数据造成危害，对社会造成负面影响的事件，可分为有害程序事件、网络攻击事件、信息破坏事件、门户网站安全事件、设备设施故障、灾害性事件和其他事件。

1.4 事件分级

按照故障影响范围、系统损失和社会影响，分为四级：特别重大（Ⅰ级）、重大（Ⅱ级）、较大（Ⅲ级）、一般（Ⅳ级）。

1.4.1 特别重大事件（Ⅰ级）

符合如下内容任意一条的，定义为特别重大事件：

（1）由于自然灾害事故（如：水灾、地震、地质灾害、气象灾害、自然火灾等）、人为原因（如人为火灾、恐怖袭击、战争等）、软硬件缺陷或故障等，导致xxx网络服务及业务系统发生灾难性破坏；

（2）信息系统中的数据被篡改、窃取，导致数据的完整性、保密性遭到破坏，或业务系统出现反动、色情、赌博、毒品、谣言等违法内容，对国家安全和社会稳定构成特别严重影响。

1.4.2 重大事件（Ⅱ级）

符合如下内容任意一条且未达到特别重大事件的，定义为重大事件：

（1）由于自然灾害、人为原因、软硬件缺陷或故障等导致如下问题，且经应急响应调查处置小组及应急响应日常运行小组评估，预计8小时内不可恢复的。

① 网站系统无法向互联网公众提供正常服务；

② 除网站外，同时有4个及以上重要业务系统无法正常提供服务。

（2）信息系统中的数据被篡改、窃取，导致数据的完整性、保密性遭到破坏，对xxx形象和xxx网络稳定造成严重影响。

1.4.3 较大事件（Ⅲ级）

符合如下内容任意一条且未达到重大事件的，定义为较大事件：

（1）自然灾害、人为原因、软硬件缺陷或故障等导致如下问题，且经应急响应调查处置小组及应急响应日常运行小组评估，预计在 1 小时以上 8 小时以内可以恢复的。

① 网站系统无法向互联网公众提供正常服务；

② 除网站外，同时有 2 个及以上 4 个以下重要业务系统无法正常提供服务。

（2）信息系统中的数据被篡改、窃取，导致数据的完整性、保密性遭到破坏，对 xxx 形象和 xxx 网络稳定造成影响。

1.4.4　一般事件（Ⅳ级）

符合如下内容任意一条且未达到较大事件的，定义为一般事件：

自然灾害、人为原因、软硬件缺陷或故障等导致如下问题，且经应急响应调查处置小组及应急响应日常运行小组评估，预计 1 小时内可以恢复的。

单个重要业务系统无法正常提供服务。

1.5　事件分类

网络安全事件分为有害程序事件、网络攻击事件、信息破坏事件、网站安全事件、设备设施故障、灾害性事件和其他事件。

（1）有害程序事件分为计算机病毒事件、蠕虫事件、特洛伊木马事件、僵尸网络事件、混合程序攻击事件、网页内嵌恶意代码事件和其他有害程序事件。

（2）网络攻击事件分为拒绝服务攻击事件、后门攻击事件、漏洞攻击事件、网络扫描窃听事件、网络钓鱼事件、干扰事件和其他网络攻击事件。

（3）信息破坏事件分为信息篡改事件、信息假冒事件、信息泄露事件、信息窃取事件、信息丢失事件和其他信息破坏事件。

（4）网站安全事件是指网站访问异常，或页面异常，出现传播法律法规禁止信息，组织非法串联、煽动集会游行或炒作敏感问题并危害社会稳定和公众利益的事件。

（5）设备设施故障分为软硬件自身故障、外围保障设施故障、人为破坏事故和其他设备设施故障。

（6）灾害性事件是指由自然灾害等其他突发事件导致的网络安全事件。

（7）其他事件是指不能归为以上分类的网络安全事件。

1.6　工作原则

1.6.1　统一领导，分级负责

建立健全统一指挥、密切配合、综合协调、分类管理、分级负责的应急管理体系，形成平战结合、预防为主、快速反应、科学处置的协调管理机制和联动工作机制。

1.6.2 快速反应，科学处置

一旦发生突发事件，按照“分级响应、及时报告、及时救治、及时控制”的要求，确定事件分类、级别，启动对应的应急处置预案，明确职责，层层落实，采取有力措施积极应对，及时控制处理，防止产生连带风险。

1.6.3 敏感数据，严格管理

在应急准备和应急预案正式启动期间，各部门要明确数据资料保管责任人，资料接触人员要严格保密，做好敏感数据资料的防泄漏工作。应急处置结束后，对于为防止敏感数据资料丢失而保存的数据备份，要进行统一销毁。

1.6.4 加强沟通，有效传递

建立有效的沟通机制，各部门之间加强共同协作，确保信息畅通；要加强与新闻媒体等外部单位的沟通协调，及时、客观发布突发事件事态发展及处置工作情况，做好宣传解释工作，全面争取突发事件的内部处置和外部舆论主动权，正确引导社会舆论。

二、组织体系与职责

应急组织体系由应急响应领导小组、应急响应调查处置小组、应急响应日常运行小组、应急响应协调小组及专家组组成。

2.1 应急响应领导小组

主要由网络安全与信息化领导小组部分成员、领导小组办公室主要负责人构成，由xxx任组长。

应急响应领导小组主要职能包括：

（1）启动和终止特别重大应急预案；

（2）组织、指导和指挥特别重大和重大安全事件的应急响应工作；

（3）审核安全事件处理和分析报告；

（4）指导应急预案的宣传和教育培训；

（5）外部媒体沟通及安全事件信息发布。

2.2 应急响应协调小组

主要由xxx负责人、网络安全管理人员、机房管理人员、运维人员以及安全服务技术人员组成，由信息中心主要负责人任组长。

应急响应协调小组主要职能包括：

（1）启动和终止重大事件和较大事件应急预案；

（2）组织、指导和指挥较大事件的应急响应工作；

（3）传达应急响应领导小组信息指令，上报事件应急处理进度；

（4）组织、协调相关技术支持人员、关联单位和各应急小组及时到场开展应急处置工作；

（5）安全事件处理和分析报告以及其他发布资料的审核与上报；

（6）起草和修订应急预案，并定期组织专家对应急预案进行研究、评估；

（7）制订应急预案培训及演练方案，组织开展应急预案培训及应急演练；

（8）如有必要，在处理网络安全应急事件时配合 xxx 省国家安全局、xxx 省公安厅网络安全保卫总队、xxx 省网信办或 xxx 省通信管理局进行调查取证，为后期责任追查提供有力证据。

2.3 专家组

主要由网络安全与信息化领导小组成员、信息中心主要负责人以及网络安全行业专家组成，由网络安全与信息化的分管领导任组长。

专家组主要职能包括：

（1）提供安全事件的预防与处置建议；

（2）在制定网络安全应急有关规定、预案、制度和项目建设的过程中提供参考意见；

（3）定期对应急预案进行评审，及时反映网络安全应急工作中存在的问题与不足，并提出相关改进建议；

（4）对网络安全事件发生和发展趋势、处置措施、恢复方案等进行研究、评估，并提出相关改进建议。

（5）指导网络安全事件应急演练、培训及相关教材编审等工作。

2.4 应急响应调查处置小组

主要由机房管理人员、业务应用运营人员、运维人员以及安全服务技术人员组成，由信息中心机房管理人员任组长。

应急响应调查处置小组主要职能包括：

（1）应急响应过程中技术问题的解决；

（2）及时向应急响应协调小组报告进展情况；

（3）制定信息安全事件技术应对表，明确职责和沟通方式；

（4）分析事件发生原因，提出应用系统加固建议；

（5）评估和总结应急响应处置过程，提供应急预案的改善意见。

2.5　应急响应日常运行小组

主要由运维人员组成，由运维负责人任组长。

应急响应日常运行小组主要职能包括：

（1）对系统进行日常监控，及时预警，尽早发现安全事件；

（2）启动和终止一般事件应急预案；

（3）及时向应急响应协调小组汇报事件的发生时间、影响范围、事态发展变化情况和处置进展等情况；

（4）现场参与和跟踪安全事件的应急处置过程；

（5）定期核查应急保障物资，特别是冗余设备的状态，保证事件发生时应急保障物资的正常使用。

三、应急响应

3.1　基本响应

网络安全事件发生后，应立即启动应急预案，实施处置并及时报送信息。

（1）控制事态发展，防控蔓延。先期处置，采取各种技术措施，及时控制事态发展，最大限度地防止事件蔓延。

（2）快速判断事件性质和危害程度。尽快分析事件发生原因，根据网络与信息系统运行和承载业务情况，初步判断事件的影响、危害和可能波及的范围，提出应对措施和建议。

（3）及时报告信息。在先期处置的同时要按照预案要求，及时向上级主管部门报告事件信息。

（4）做好事件发生、发展、处置的记录和证据留存。

3.2　事件上报

3.2.1　上报原则

当判定为发生特别重大事件（Ⅰ级）和重大事件（Ⅱ级）时启动完整上报流程。

3.2.2　上报流程

（1）事件认定。由应急响应日常运行小组和应急响应调查处置小组的专业技术人员确定发生信息安全事件的系统受影响的程度，初步判定事件原因，并对事件影响状况进行评估。

（2）事件上报。应急响应协调小组负责填写《附录3　重大网络安全事件报告表》后上报给应急响应领导小组。应急响应领导小组组长按照事件级别决定是否向 xxx 网络安全与信息化领导小组组长报告，并决定是否通知和协调 xxx 省国家安全局、xxx 省公安厅网络安全保卫总队、xxx 省网信办或 xxx 省通信管理局协助妥善处理信息安全事件。

3.3 分级响应

3.3.1 Ⅰ级响应

Ⅰ级响应由应急响应领导小组启动，并向 xxx 网络安全与信息化领导小组组长报告，其他各应急响应小组在应急响应领导小组的统一指挥下，开展应急处置工作。

（1）启动应急体系。

应急响应领导小组组织专家组专家、应急响应协调小组、应急响应日常运行小组和应急响应调查处置小组的专业技术人员研究对策，提出处置方案建议，为领导决策提供支撑。

（2）掌握事件动态。

事件影响部门及时告知事态发展变化情况和处置进展情况，应急响应日常运行小组在全面了解信息系统受到事件波及或影响情况后，汇总并上报应急响应协调小组。

3.3.2 Ⅱ级响应

Ⅱ级响应由应急响应协调小组启动，并报应急响应小组，其他各应急响应小组在应急响应领导小组的统一指挥下，开展应急处置工作。

（1）启动应急体系。

应急响应领导小组组织专家组专家、应急响应协调小组、应急响应日常运行小组和应急响应调查处置小组的专业技术人员研究对策，提出处置方案建议，为领导决策提供支撑。

（2）掌握事件动态。

事件影响部门及时告知事态发展变化情况和处置进展情况，应急响应日常运行小组在全面了解信息系统受到事件波及或影响情况后，汇总并上报应急响应协调小组。

3.3.3 Ⅲ级响应

Ⅲ级响应由应急响应协调小组启动，其他各应急响应小组在应急响应协调小组的统一指挥下，开展应急处置工作。

（1）启动应急体系。

应急响应协调小组组织应急响应日常运行小组和应急响应调查处置小组的专业技术人员研究对策，提出处置方案建议。

（2）掌握事件动态。

事件影响部门及时告知事态发展变化情况和处置进展情况，应急响应日常运行小组在全面了解信息系统受到事件波及或影响情况后，汇总并上报应急响应协调小组。

3.3.4 Ⅳ级响应

Ⅳ级响应由应急响应日常运行小组启动，并开展应急处置工作。

（1）启动应急体系。

应急响应日常运行小组组织应急响应调查处置小组的专业技术人员研究对策，组织应急处置工作。

（2）掌握事件动态。

事件影响部门及时告知事态发展变化情况和处置进展情况，应急响应日常运行小组全面了解信息系统受到事件波及或影响的情况。

3.4 现场应急处置

3.4.1 处置原则

（1）当发生水灾、火灾、地震等突发事件时，应根据当时的实际情况，在保障人身安全的前提下，首先保障数据的安全，然后保障设备安全。

（2）当人为或病毒破坏信息系统安全时，按照网络安全事件发生的性质可采取隔离故障源、暂时关闭故障系统、保留痕迹、启用备用系统等措施。

3.4.2 处置流程

（1）事件认定。收集网络安全事件相关信息，识别事件类别，判断破坏的来源与性质，确保证据准确，以便缩短应急响应时间。

（2）控制事态发展。抑制事件的影响进一步扩大，限制潜在的损失与破坏。

（3）事件消除。在事件被抑制之后，找出事件根源，明确响应的补救措施并彻底清除。

（4）系统恢复。修复被破坏的信息，清理系统，恢复数据、程序、服务，恢复信息系统。把所有被破坏的系统和网络设备还原到正常运行状态。恢复工作中如果涉及敏感数据资料，要明确数据资料保管责任人，资料接触人员要严格保密，做好敏感数据资料的防泄漏工作。

（5）事件追踪。关注系统恢复以后的安全状况，特别是曾经出现问题的地方；建立跟踪档案，规范记录跟踪结果；对进入司法程序的事件，配合国家相关部门进行进一步的调查，打击违法犯罪活动。

3.5 应急终止

3.5.1 应急终止的条件

现场应急处置工作在事件得到控制或者消除后，应当终止。

3.5.2　应急终止的程序

（1）应急响应领导小组决定终止应急，或其他应急响应小组提出，经应急响应领导小组批准；

（2）应急响应领导小组向组织处置事件的各应急响应小组下达应急终止命令；

（3）应急状态终止后，应急响应领导小组应根据 xxx 统一安排和实际情况，决定是否继续进行环境监测和评价工作。

四、信息管理

4.1　信息报告

各应急响应小组和部门根据各自职责分工，及时收集、分析、汇总本部门或本系统网络与信息系统安全运行情况信息，安全风险及事件信息及时报告应急响应协调小组，由应急响应协调小组汇总后上报应急响应领导小组。

倡导社会公众参与网络、网站和信息系统安全运行的监督和信息报告，发现网络、网站和信息系统发生安全事件时，应及时报告。

发生Ⅰ级、Ⅱ级网络安全事件后，应由应急响应协调小组及时填报《重大网络安全事件报告表》，并在应急事件终止后填报《重大网络安全事件处理结果报告》。

发生Ⅲ级、Ⅳ级网络安全事件并处置完成后，应由应急响应日常运行小组及时填报《网络安全事件故障分析处置报告》。

4.2　信息报告内容

信息报告内容一般包括以下要素：事件发生时间、发生事故网络信息系统名称及运营使用管理单位、地点、原因、信息来源、事件类型及性质、危害和损失程度、影响单位及业务、事件发展趋势、采取的处置措施等。

4.3　信息发布和新闻报道

发生Ⅰ级网络安全事件后，需要开展情况公告时，应由 xxx 网络与信息化领导小组负责外部媒体沟通及安全事件信息发布，正确引导舆论导向。

发生Ⅱ级网络安全事件后，需要开展情况公告时，应由应急响应领导小组负责外部媒体沟通及安全事件信息发布，正确引导舆论导向。

五、后期处置

5.1　系统重建

在应急处置工作结束后，应制定重建方案，尽快抢修受损的基础设施，减少损失，尽快恢复正常工作。

5.2　应急响应总结

响应总结是应急处置之后应进行的工作，由应急响应调查处置小组负责，具体包括：

（1）分析和总结事件发生的原因；

（2）分析和总结事件发生的现象；

（3）评估系统的损害程度；

（4）评估事件导致的损失；

（5）分析和总结应急处置过程；

（6）评审应急响应措施的效果和效率，并提出改进建议；

（7）评审应急响应方案的效果和效率，并提出改进建议；

（8）评审应急过程中是否存在失职情况，并给出处理建议；

（9）根据事件发生的原因，提出应用系统加固改进建议。

六、保障措施

6.1　装备、物资保障

建立应急响应设备库，包括信息系统的备用设备、应急响应过程所需要的工具。由应急响应日常运行小组进行保管，每季度进行定期检查，确保能够正常使用。

6.2　技术保障

6.2.1　应急响应技术服务

技术保障由应急响应调查处置小组负责，该小组应制定信息安全事件技术应对表，全面考察和管理技术基础，选择合适的技术服务人员，明确职责和沟通方式。

6.2.2　日常技术保障

日常技术保障包括事件监控与预警的技术保障和应急技术储备两部分。

（1）事件监控与预警的技术保障

由应急响应日常运行小组采取监控技术对整个系统进行安全监控，及时预警，尽早发现安全事件。

（2）应急技术储备

由应急响应协调小组分析应急过程所需有的各项技术，针对各项技术形成培训方案或操作手册，定期进行交流、演练。确保各应急技术岗位人员分工清晰，职责明确。

（3）应急专家储备

由应急响应协调小组定期组织和外部专家或技术供应商进行应急处理预案和技术的交流。

6.3　责任与奖惩

（1）网络安全事件应急处置工作实行责任追究制。

（2）对网络安全事件应急管理工作中做出突出贡献的先进集体和个人给予表彰和奖励。

（3）对不按照规定，迟报、谎报、瞒报和漏报网络安全事件重要情况或者应急管理工作中有其他失职、渎职行为的，依照相关规定对有关责任人给予处分；构成犯罪的，依法追究刑事责任。

七、预防工作

7.1　宣传、教育和培训

将突发信息网络事件的应急管理、工作流程等列为培训内容，增强应急处置能力。加强对突发信息网络事件的技术准备培训，提高技术人员的防范意识及技能。信息中心负责人每年至少开展一次信息网络安全教育，提高信息安全防范意识和能力。

7.2　应急演练

信息中心负责人每年定期安排演练，建立应急预案定期演练制度。通过演练，发现和解决应急工作体系和工作机制存在的问题，不断完善应急预案，提高应急处置能力。

7.3　重要活动期间的预防措施

在国家重要活动、会议期间，着重加强网络安全事件的防范和应急响应，及时预警可能造成重大影响的风险和隐患，确保网络安全。

八、附则

8.1　预案更新

结合信息化建设发展状况，配合相关法律法规的制定、修改和完善，适时修订本预案。

8.2　制定及发布

本预案由信息中心起草制定，经应急响应领导小组审核、批准后发布生效。

8.3　预案实施时间

本预案自印发之日起实施。

附录 1　《国家网络安全事件应急预案》事件分级

网络安全事件分为四级：特别重大网络安全事件、重大网络安全事件、较大网络安全事件、一般网络安全事件。

（1）符合下列情形之一的，为特别重大网络安全事件：

① 重要网络和信息系统遭受特别严重的系统损失，造成系统大面积瘫痪，丧失业务处理能力。

② 国家秘密信息、重要敏感信息和关键数据丢失或被窃取、篡改、假冒，对国家安全和社会稳定构成特别严重威胁。

③ 其他对国家安全、社会秩序、经济建设和公众利益构成特别严重威胁、造成特别严重影响的网络安全事件。

（2）符合下列情形之一且未达到特别重大网络安全事件的，为重大网络安全事件：

① 重要网络和信息系统遭受严重的系统损失，造成系统长时间中断或局部瘫痪，业务处理能力受到极大影响。

② 国家秘密信息、重要敏感信息和关键数据丢失或被窃取、篡改、假冒，对国家安全和社会稳定构成严重威胁。

③ 其他对国家安全、社会秩序、经济建设和公众利益构成严重威胁、造成严重影响的网络安全事件。

（3）符合下列情形之一且未达到重大网络安全事件的，为较大网络安全事件：

① 重要网络和信息系统遭受较大的系统损失，造成系统中断，明显影响系统效率，业务处理能力受到影响。

② 国家秘密信息、重要敏感信息和关键数据丢失或被窃取、篡改、假冒，对国家安全和社会稳定构成较严重威胁。

③ 其他对国家安全、社会秩序、经济建设和公众利益构成较严重威胁、造成较严重影响的网络安全事件。

（4）除上述情形外，对国家安全、社会秩序、经济建设和公众利益构成一定威胁、造成一定影响的网络安全事件，为一般网络安全事件。

附录2　应急小组成员及联系方式

工作组别	职位	姓名	手机	内线

（续表）

工作组别	职位	姓名	手机	内线

附录 3　重大网络安全事件报告表

<table>
<tr><td>报告人</td><td></td><td>联系电话</td><td></td><td>传真</td><td></td></tr>
<tr><td>通信地址</td><td colspan="2"></td><td>电子邮件</td><td colspan="2"></td></tr>
<tr><td colspan="6">发生重大网络安全事件的系统名称及用途</td></tr>
<tr><td colspan="6"></td></tr>
<tr><td>责任部门</td><td colspan="2"></td><td>负责人</td><td colspan="2"></td></tr>
<tr><td colspan="6">重大网络安全事件简要描述</td></tr>
<tr><td colspan="6"></td></tr>
<tr><td colspan="6">初步判定的事件原因</td></tr>
<tr><td colspan="6"></td></tr>
<tr><td colspan="6">事件影响状况评估</td></tr>
<tr><td>事件级别</td><td colspan="5">□Ⅰ级　□Ⅱ级</td></tr>
<tr><td>可能后果</td><td colspan="5">□业务中断　□系统损坏　□数据丢失　□其他</td></tr>
<tr><td>影响范围</td><td colspan="5">□套设备（系统）　□本地局域网　□本地广域网　□其他</td></tr>
</table>

（续表）

是否需要其他部门配合调查	□xxx 省国家安全局　□xxx 省公安厅网络安全保卫总队　□xxx 省网信办 □xxx 省通信管理局
应急响应领导小组处理意见	
领导小组组长签字：	

报告时间：年　月　日　时　分

附录 4　网络安全事件处理结果报告

报告人		联系电话		传真	
通信地址			电子邮件		
重大网络安全事件补充描述					
（可增页附文字、图片以及其他文件）					
最终判定事件原因					
（可增页附文字、图片以及其他文件）					
事件影响状况评估					
事件级别	□Ⅰ级　□Ⅱ级				
造成后果	□业务中断　□系统损坏　□数据丢失　□其他				
影响范围	□套设备（系统）　□本地局域网　□本地广域网　□其他				
处理过程及采取措施					
（可增页附文字、图片以及其他文件）					
存在问题及建议					
（可增页附文字、图片以及其他文件）					
应急响应领导小组处理意见					
领导小组组长签字：					

报告时间：年　月　日　时　分

附录 5　网络安全事件故障分析处置报告

故障编号		报告单位	
故障名称		故障设备名称	

（续表）

<table>
<tr><td>事件影响范围</td><td colspan="4"></td></tr>
<tr><td>故障发生时间</td><td colspan="2"></td><td>故障修复时间</td><td></td></tr>
<tr><td>业务修复时间</td><td colspan="2"></td><td>业务修复历时</td><td></td></tr>
<tr><td>故障总历时</td><td colspan="2"></td><td>故障等级</td><td>□III级　□IV级</td></tr>
<tr><td>审 核 人</td><td colspan="2"></td><td>职　务</td><td></td></tr>
<tr><td>报 告 人</td><td colspan="2"></td><td>故障接收人</td><td></td></tr>
<tr><td rowspan="4">事故描述</td><td>项目</td><td>时间</td><td colspan="2">过程描述</td></tr>
<tr><td>事故环境</td><td></td><td colspan="2"></td></tr>
<tr><td>事故发生</td><td></td><td colspan="2"></td></tr>
<tr><td>事故结果</td><td></td><td colspan="2"></td></tr>
<tr><td colspan="2">事故分析</td><td colspan="3"></td></tr>
<tr><td colspan="2">故障处理及恢复措施</td><td colspan="3"></td></tr>
<tr><td colspan="2">整改措施及事故建议</td><td colspan="3"></td></tr>
<tr><td rowspan="2">报告处理</td><td>收件人</td><td></td><td>联系方式</td><td></td></tr>
<tr><td>收到时间</td><td></td><td>存档时间</td><td></td></tr>
<tr><td>其他说明</td><td colspan="4"></td></tr>
</table>

附录 6　网络故障事件专项预案

1. 恢复顺序

网络恢复时首先保证网络可用，再逐步恢复安全性、高可用性等功能。

2. 恢复步骤

业务网络恢复步骤主要分为三大部分：故障判断、故障处理、故障恢复。故障处理流程见附录 6 图 1 所示和附录 6 表 1。

网络中各设备所在网络位置如附录 6 图 2 所示。

网络设备替换列表见附录 6 表 2。

病毒导致的网络拥塞恢复步骤，详细信息和故障处理流程图如附录 6 图 3 所示。

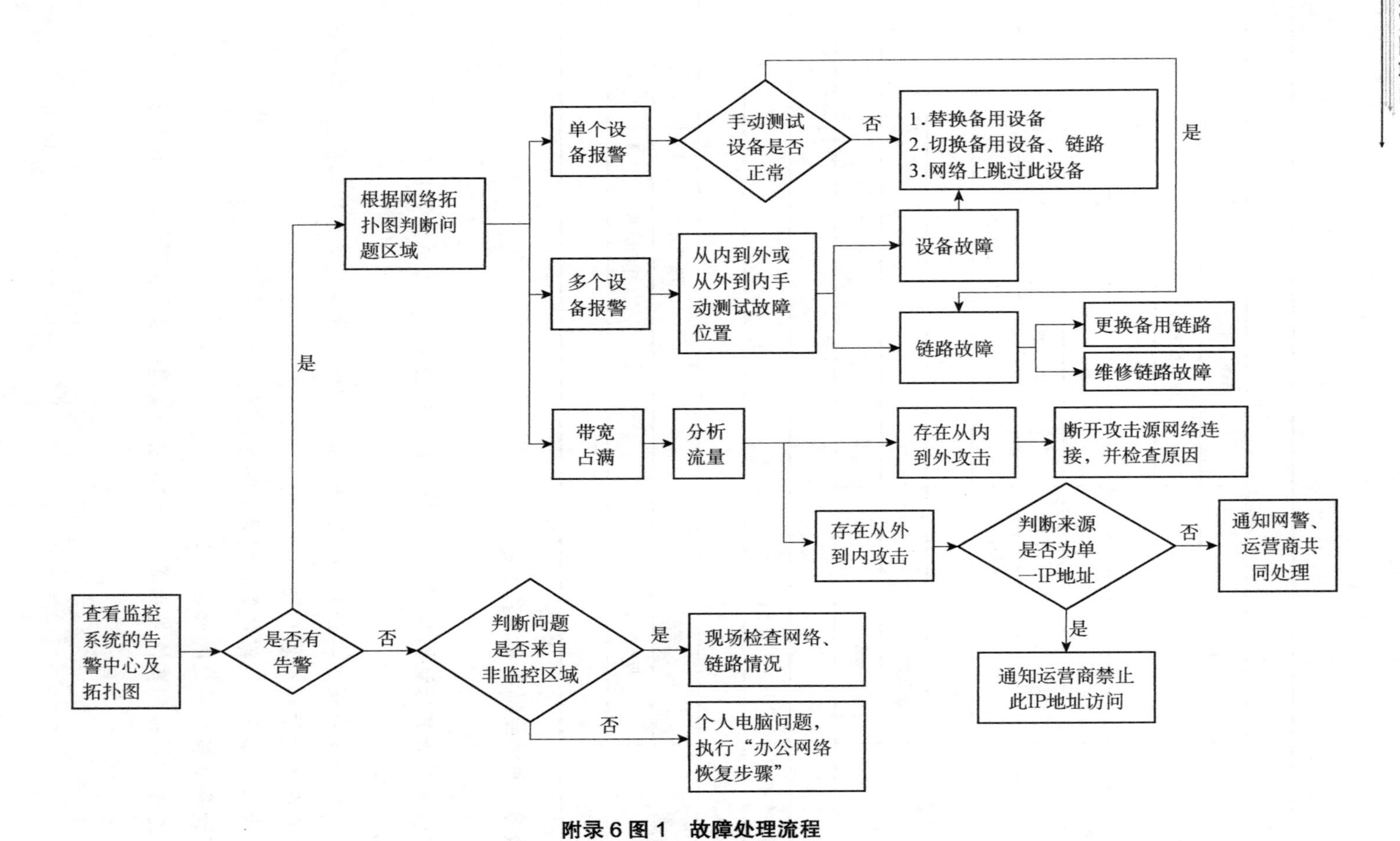

附录 6 图 1　故障处理流程

附录 6 表 1　故障详细信息

查看报警信息	1	登录监控系统，查看告警中心、拓扑图有无告警
监控有报警时，根据网络拓扑图判定问题区域	2	单个设备报警时，手动测试设备是否正常；如果正常，应该是链路故障，更换备用链路或维修链路；如果不正常，应该是设备故障，更换备用设备，或者跳过此设备或链路
	3	多个设备报警时，需要使用 ping，tracert 等网络工具从内到外或从外到内手动测试故障位置。类型：如果是设备故障，更换备用设备，或者跳过此设备或链路；如果是链路故障，更换备用链路或维修链路
	4	告警显示带宽占满时，需要分析流量。 存在从内到外攻击时，通过抓包，确定源主机 IP 地址，并关闭源主机网络连接，协调源主机维护方处理。 存在从外到内攻击时，判断来源 IP 地址是否为单一 IP，如果是单一 IP 地址，联系联通禁止此 IP 访问；如果是多个 IP，通知网警，联通共同处理，并在设置办公网防火墙，使办公人员通过移动线路上网
故障恢复	5	恢复正常后，通知领导报警解除，恢复正常运营
	6	编制《网络安全事件处理结果报告》

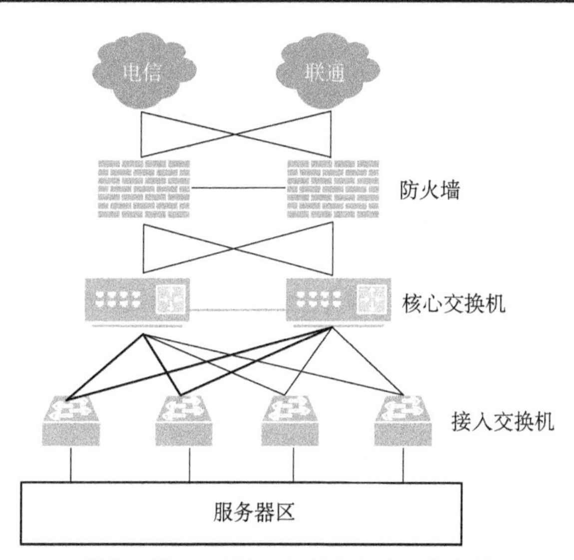

附录 6 图 2　网络中各设备所在网络位置

附录 6 表 2　网络设备替换列表

序号	设备名称	备用设备	备用设备位置	替换方法
1	防火墙	无	无	防火墙设备为双机，一台故障时不影响使用，维修故障设备即可
2	核心交换机	无	无	核心交换机设备为双机，一台故障时不影响使用，维修故障设备即可
3	接入交换机	交换机	仓库	导入故障设备配置，更换

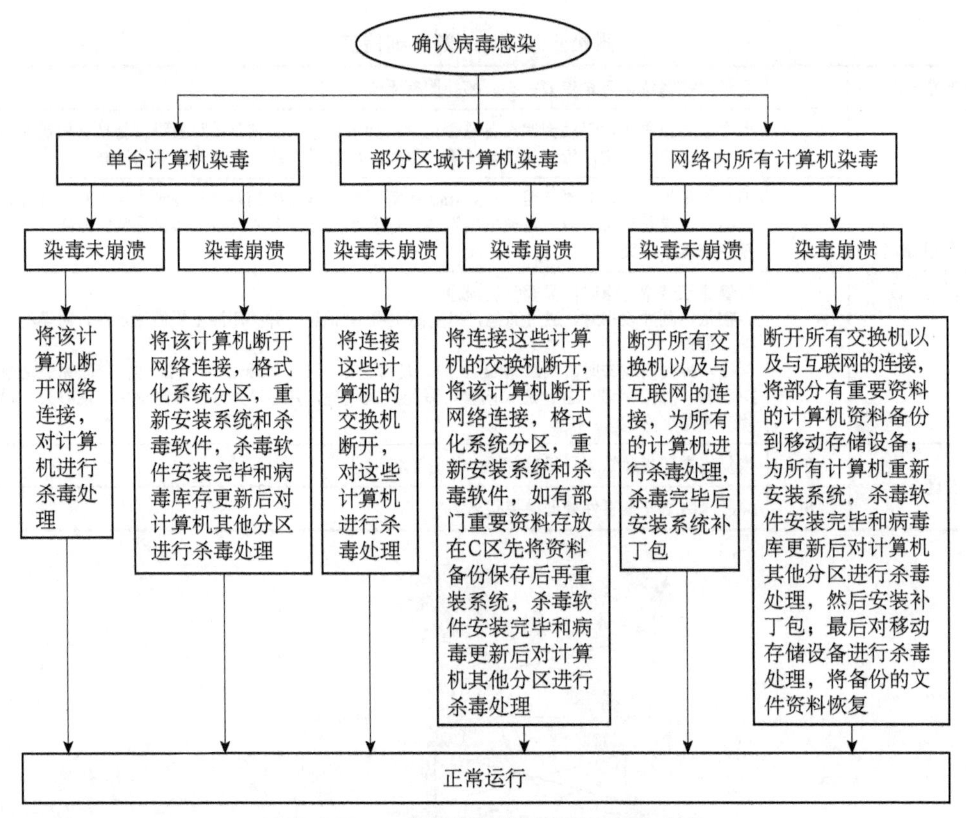

附录 6 图 3　病毒导致的网络拥塞恢复步骤

附录 7　网站故障事件专项预案

1. 恢复顺序

系统恢复时首先确保数据的完整性和安全性。

当恢复复杂系统时，恢复进程应按照业务系统重要性的优先顺序进行恢复，以避免对相关系统及业务产生重大影响。

2. 恢复步骤

门户网站页面异常恢复步骤，主要分为三大部分：故障判断、故障处理、故障恢复。详细信息和故障处理流程见附录 7 图 1 和附录 7 表 1。

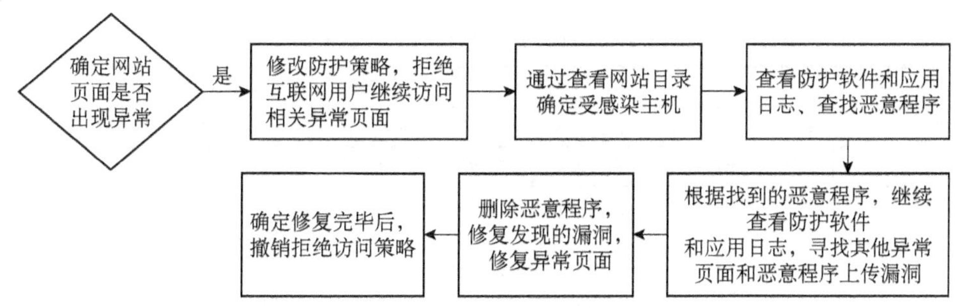

附录 7 图 1 门户网站页面异步恢复步骤

附录 7 表 1 门户网站页面异常恢复步骤

流程说明	操作序号	操作步骤
异常判断	1	使用至少两款浏览器和内外网地址分别打开网站页面，查看是否有违法或恶意信息，页面是否移位等
故障处理	2	确定有问题后通知领导
	3	修改防护策略，拒绝互联网用户继续访问相关异常页面
	4	通过查看网站目录确定受感染主机
	5	查看防护软件和应用日志、扫描恶意程序
	6	根据找到的恶意程序，继续查看防护软件和应用日志，寻找其他异常页面和恶意程序上传漏洞
	7	删除恶意程序，修复发现的漏洞，修复异常页面
故障恢复	8	确定修复完毕后，撤销拒绝访问策略
	9	通知领导及公司领导报警解除，恢复正常运营
	10	编制《网络安全事件处理结果报告》

重要网站异常恢复步骤主要分为三大部分：故障判断、故障处理、故障恢复。详细信息和故障处理流程见附录 7 图 2 和附录 7 表 2。

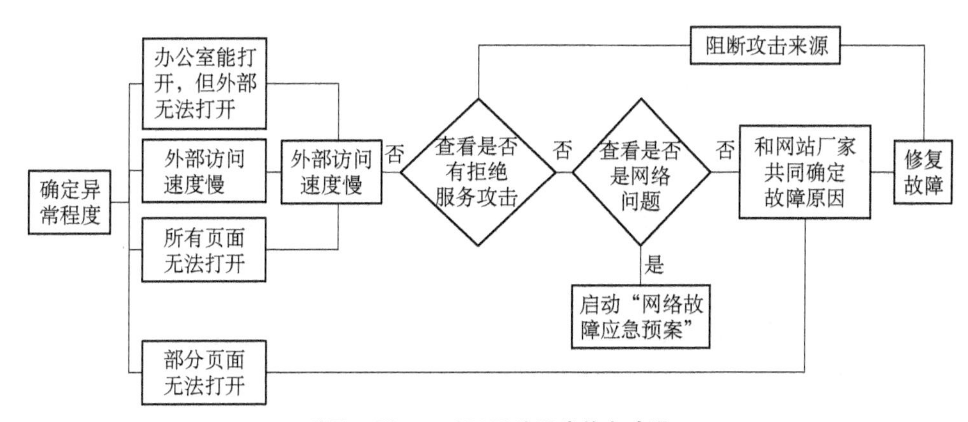

附录 7 图 2 重要网站异常恢复步骤

附录7表2　重要网站异常恢复步骤

流程	序号	操作步骤
异常判断	1	使用至少两款浏览器分别打开网站页面，确定是所有页面无法打开还是部分页面无法打开
故障处理	2	部分页面无法打开时，和厂家共同确定故障原因，并修复
	3	所有页面无法打开时，在外网通过IP地址直接访问并通过网站防护平台查看服务质量下降原因，确定地址解析是否正常
	4	确定地址解析不正常时，由网站防护项目组确定故障原因并修复
	5	确定地址解析正常时，关闭防护软件，排除防护软件可能造成的影响
	6	确定是xxx软件导致问题时，由网站防护项目组确定故障原因并修复
	7	确定故障与防护软件无关后，进一步确定机房网络是否正常
	8	网络正常时，通知网站制作方处理，并和网站制作方共同确定故障原因，修复
	9	网络不正常时，启动“网络故障应急预案”
故障恢复	10	通知领导报警解除，恢复正常运营
	11	编制《网络安全事件处理结果报告》

附录8　关键应用故障事件专项预案

1. 恢复顺序

系统恢复时首先确保数据的完整性和安全性。

当恢复复杂系统时，恢复进程应按照业务系统重要性的优先顺序进行恢复，以避免对相关系统及业务产生重大影响。

2. 恢复步骤

确定关键应用损坏情况，检查故障源，针对故障源恢复。如下是可能出现的故障导致应用系统无法访问或缓慢，并进行恢复。

（1）软件故障

及时重启软件，恢复应用，如果启动有问题，及时搭建新的应用环境恢复应用。查找故障原因，安装补丁。

（2）服务器硬件故障

迅速搭建新的环境还原应用，修复故障机器，修复完之后切换回原机器。

（3）数据库故障

启用备库尽快恢复应用，查找故障原因，修复原数据库，修复完成之后切换回原数据库。

（4）网络故障

查看链路带宽利用情况和查看关键位置网络、安全设备的运行状况，判断故障设备或链路，切换备用设备或链路，修复故障设备或链路，修复完成后切换回原设备或链路。

（5）网络攻击

查看链路带宽利用情况和关键位置网络、安全设备的运行状况和安全设备的防护日志，进行网络流量分析并确定攻击流量流向和类型，通过临时策略阻断攻击流量，确定攻击被阻断后分析和还原攻击过程，必要时通知公安网监和运营商协助调查。

附录 9　数据泄露事件专项预案

1. 恢复顺序

小规模单点数据泄露时，首先确保系统的可用性，采用适当的策略防止数据持续泄露。

大规模多点数据泄露时，经应急响应领导小组同意，可以采取临时切断互联网的方式防止数据持续泄露。

当出现多点数据泄露时，恢复进程应按照业务系统数据重要性的优先顺序进行恢复。

2.恢复步骤

（1）查看安全设备日志，第一时间发现可能的数据泄露区域或服务器/个人终端，并设计和实施临时策略封堵数据泄露途径，防止数据持续泄露；

（2）如果泄露数据较为重要，可以在对事态进行评估授权后，及时联系公安或国家安全局；

（3）会同新闻部门采取有效措施，防止新闻媒体对数据泄露的有关情况进行报道和抄作，造成社会动荡；会同公安部门和运营商加强对互联网的监控，防止泄露的数据在互联网上传播；

（4）收集审计记录、维持现场状况，禁止无关人员进出，减少对现场的破坏，并配合公安机关取证；

（5）明确数据泄露点后尽快设计加固方案，减少数据泄露带来的影响，并邀请专家和安全服务团队进行审核和测试。

10.4.14　外包运维管理

制定外包运维管理制度，确保外包团队的专业性，并传达组织对安全的期望。

人员资质要求：系统集成人员、安全服务人员以及相关管理人员应获得国家权威部门颁发的信息安全人员资质认证。

应与选定的产品供应商、软件开发商、系统集成商、系统运维商和等级测评机构等签订安全责任合同书或保密协议等文档，其内容应至少包含保密范围、安全责任、违约责任、协议的有效期限和责任人的签字等。

应与安全服务商签订服务合同，至少包含服务内容、服务期限、双方签字或盖章，确保安全服务商提供技术培训和服务承诺。

其他要求：系统符合国家相关法律、法规，按照相关主管部门的技术管理规定对非法信息和恶意代码进行有效控制，按照有关规定对设备进行控制，使之不被作为非法攻击的跳板。

第11章
法律法规汇编

11.1 法律

11.1.1 全国人民代表大会常务委员会关于维护互联网安全的决定

《全国人民代表大会常务委员会关于维护互联网安全的决定》

（2000年12月28日第九届全国人民代表大会常务委员会第十九次会议通过）

我国的互联网，在国家大力倡导和积极推动下，在经济建设和各项事业中得到日益广泛的应用，使人们的生产、工作、学习和生活方式已经开始并将继续发生深刻的变化，对于加快我国国民经济、科学技术的发展和社会服务信息化进程具有重要作用。同时，如何保障互联网的运行安全和信息安全问题已经引起全社会的普遍关注。为了兴利除弊，促进我国互联网的健康发展，维护国家安全和社会公共利益，保护个人、法人和其他组织的合法权益，特作如下决定：

一、为了保障互联网的运行安全，对有下列行为之一，构成犯罪的，依照刑法有关规定追究刑事责任：

（一）侵入国家事务、国防建设、尖端科学技术领域的计算机信息系统；

（二）故意制作、传播计算机病毒等破坏性程序，攻击计算机系统及通信网络，致使计算机系统及通信网络遭受损害；

（三）违反国家规定，擅自中断计算机网络或者通信服务，造成计算机网络或者通信系统不能正常运行。

二、为了维护国家安全和社会稳定，对有下列行为之一，构成犯罪的，依照刑法有关规定追究刑事责任：

（一）利用互联网造谣、诽谤或者发表、传播其他有害信息，煽动颠覆国家政权、推翻社会主义制度，或者煽动分裂国家、破坏国家统一；

（二）通过互联网窃取、泄露国家秘密、情报或者军事秘密；

（三）利用互联网煽动民族仇恨、民族歧视，破坏民族团结；

（四）利用互联网组织邪教组织、联络邪教组织成员，破坏国家法律、行政法规实施。

三、为了维护社会主义市场经济秩序和社会管理秩序，对有下列行为之一，构成犯罪的，依照刑法有关规定追究刑事责任：

（一）利用互联网销售伪劣产品或者对商品、服务作虚假宣传；

（二）利用互联网损害他人商业信誉和商品声誉；

（三）利用互联网侵犯他人知识产权；

（四）利用互联网编造并传播影响证券、期货交易或者其他扰乱金融秩序的虚假信息；

（五）在互联网上建立淫秽网站、网页，提供淫秽站点链接服务，或者传播淫秽书刊、影片、音像、图片。

四、为了保护个人、法人和其他组织的人身、财产等合法权利，对有下列行为之一，构成犯罪的，依照刑法有关规定追究刑事责任：

（一）利用互联网侮辱他人或者捏造事实诽谤他人；

（二）非法截获、篡改、删除他人电子邮件或者其他数据资料，侵犯公民通信自由和通信秘密；

（三）利用互联网进行盗窃、诈骗、敲诈勒索。

五、利用互联网实施本决定第一条、第二条、第三条、第四条所列行为以外的其他行为，构成犯罪的，依照刑法有关规定追究刑事责任。

六、利用互联网实施违法行为，违反社会治安管理，尚不构成犯罪的，由公安机关依照《治安管理处罚法》予以处罚；违反其他法律、行政法规，尚不构成犯罪的，由有关行政管理部门依法给予行政处罚；对直接负责的主管人员和其他直接责任人员，依法给予行政处分或者纪律处分。

利用互联网侵犯他人合法权益，构成民事侵权的，依法承担民事责任。

七、各级人民政府及有关部门要采取积极措施，在促进互联网的应用和网络技术的普及过程中，重视和支持对网络安全技术的研究和开发，增强网络的安全防护能力。有关主管部门要加强对互联网的运行安全和信息安全的宣传教育，依法实施有效的监督管理，防范和制止利用互联网进行的各种违法活动，为互联网的健康发展创造良好的社会环境。从事互联网业务的单位要依法开展活动，发现互联网上出现违法犯罪行为和有害信息时，要采取措施，停止传输有害信息，并及时向有关机关报告。任何单位和个人在利用互联网时，都要遵纪守法，抵制各种违法犯罪行为和有害信息。人民法院、人民检察院、公安机关、国家安全机关要各司其职，密切配合，依法严厉打击利用互联网实施的各种犯罪活动。要动员全社会的力量，依靠全社会的共同努力，保障互联网的运行安全与信息安全，促进社会主义精神文明和物质文明建设。

11.1.2　全国人民代表大会常务委员会关于加强网络信息保护的决定

《全国人民代表大会常务委员会关于加强网络信息保护的决定》

（2012 年 12 月 28 日第十一届全国人民代表大会常务委员会第三十次会议通过）

为了保护网络信息安全，保障公民、法人和其他组织的合法权益，维护国家安全和社会公共利益，特作如下决定：

一、国家保护能够识别公民个人身份和涉及公民个人隐私的电子信息。

任何组织和个人不得窃取或者以其他非法方式获取公民个人电子信息，不得出售或者非法向他人提供公民个人电子信息。

二、网络服务提供者和其他企业事业单位在业务活动中收集、使用公民个人电子信息，应当遵循合法、正当、必要的原则，明示收集、使用信息的目的、方式和范围，并经被收集者同意，不得违反法律、法规的规定和双方的约定收集、使用信息。

网络服务提供者和其他企业事业单位收集、使用公民个人电子信息，应当公开其收集、使用规则。

三、网络服务提供者和其他企业事业单位及其工作人员对在业务活动中收集的公民个人电子信息必须严格保密，不得泄露、篡改、毁损，不得出售或者非法向他人提供。

四、网络服务提供者和其他企业事业单位应当采取技术措施和其他必要措施，确保信息安全，防止在业务活动中收集的公民个人电子信息泄露、毁损、丢失。在发生或者可能发生信息泄露、毁损、丢失的情况时，应当立即采取补救措施。

五、网络服务提供者应当加强对其用户发布的信息的管理，发现法律、法规禁止发布或者传输的信息的，应当立即停止传输该信息，采取消除等处置措施，保存有关记录，并向有关主管部门报告。

六、网络服务提供者为用户办理网站接入服务，办理固定电话、移动电话等入网手续，或者为用户提供信息发布服务，应当在与用户签订协议或者确认提供服务时，要求用户提供真实身份信息。

七、任何组织和个人未经电子信息接收者同意或者请求，或者电子信息接收者明确表示拒绝的，不得向其固定电话、移动电话或者个人电子邮箱发送商业性电子信息。

八、公民发现泄露个人身份、散布个人隐私等侵害其合法权益的网络信息，或者受到商业性电子信息侵扰的，有权要求网络服务提供者删除有关信息或者采取其他必要措施予以制止。

九、任何组织和个人对窃取或者以其他非法方式获取、出售或者非法向他人提供公民个人电子信息的违法犯罪行为以及其他网络信息违法犯罪行为，有权向有关主管部门举报、控告；接到举报、控告的部门应当依法及时处理。被侵权人可以依法提起诉讼。

十、有关主管部门应当在各自职权范围内依法履行职责，采取技术措施和其他必要措施，防范、制止和查处窃取或者以其他非法方式获取、出售或者非法向他人提供公民个人电子信息的违法犯罪行为以及其他网络信息违法犯罪行为。有关主管部门依法履行职责时，网络服务提供者应当予以配合，提供技术支持。

国家机关及其工作人员对在履行职责中知悉的公民个人电子信息应当予以保密，不得泄露、篡改、毁损，不得出售或者非法向他人提供。

十一、对有违反本决定行为的，依法给予警告、罚款、没收违法所得、吊销许可证或者取消备案、关闭网站、禁止有关责任人员从事网络服务业务等处罚，记入社会信用档案并予以公布；构成违反治安管理行为的，依法给予治安管理处罚。构成犯罪的，依法追究刑事责任。侵害他人民事权益的，依法承担民事责任。

十二、本决定自公布之日起施行。

11.1.3 中华人民共和国网络安全法

《中华人民共和国网络安全法》

（2016 年 11 月 7 日第十二届全国人民代表大会常务委员会第二十四次会议通过）

第一章 总 则

第一条 为了保障网络安全，维护网络空间主权和国家安全、社会公共利益，保护公民、法人和其他组织的合法权益，促进经济社会信息化健康发展，制定本法。

第二条 在中华人民共和国境内建设、运营、维护和使用网络，以及网络安全的监督管理，适用本法。

第三条 国家坚持网络安全与信息化发展并重，遵循积极利用、科学发展、依法管理、确保安全的方针，推进网络基础设施建设和互联互通，鼓励网络技术创新和应用，支持培养网络安全人才，建立健全网络安全保障体系，提高网络安全保护能力。

第四条 国家制定并不断完善网络安全战略，明确保障网络安全的基本要求和主要目标，提出重点领域的网络安全政策、工作任务和措施。

第五条 国家采取措施，监测、防御、处置来源于中华人民共和国境内外的网络安全风险和威胁，保护关键信息基础设施免受攻击、侵入、干扰和破坏，依法惩治网络违法犯罪活动，维护网络空间安全和秩序。

第六条 国家倡导诚实守信、健康文明的网络行为，推动传播社会主义核心价值观，采取措施提高全社会的网络安全意识和水平，形成全社会共同参与促进网络安全的良好环境。

第七条 国家积极开展网络空间治理、网络技术研发和标准制定、打击网络违法犯罪等方面的国际交流与合作，推动构建和平、安全、开放、合作的网络空间，建立多边、民主、透明的网络治理体系。

第八条 国家网信部门负责统筹协调网络安全工作和相关监督管理工作。国务院电信主管部门、公安部门和其他有关机关依照本法和有关法律、行政法规的规定，在各自职责范围内负责网络安全保护和监督管理工作。

县级以上地方人民政府有关部门的网络安全保护和监督管理职责，按照国家有关规定确定。

第九条 网络运营者开展经营和服务活动，必须遵守法律、行政法规，尊重社会公德，遵守商业道德，诚实信用，履行网络安全保护义务，接受政府和社会的监督，承担社会责任。

第十条 建设、运营网络或者通过网络提供服务，应当依照法律、行政法规的规定和国家标准的强制性要求，采取技术措施和其他必要措施，保障网络安全、稳定运行，有效应对网络安全事件，防范网络违法犯罪活动，维护网络数据的完整性、保密性和可用性。

第十一条 网络相关行业组织按照章程，加强行业自律，制定网络安全行为规范，指导会员加强网络安全保护，提高网络安全保护水平，促进行业健康发展。

第十二条 国家保护公民、法人和其他组织依法使用网络的权利，促进网络接入普及，提升网络服务水平，为社会提供安全、便利的网络服务，保障网络信息依法有序自由流动。

任何个人和组织使用网络应当遵守宪法法律，遵守公共秩序，尊重社会公德，不得危害网络安全，不得利用网络从事危害国家安全、荣誉和利益，煽动颠覆国家政权、推翻社会主义制度，煽动分裂国家、破坏国家统一，宣扬恐怖主义、极端主义，宣扬民族仇恨、民族歧视，传播暴力、淫秽色情信息，编造、传播虚假信息扰乱经济秩序和社会秩序，以及侵害他人名誉、隐私、知识产权和其他合法权益等活动。

第十三条　国家支持研究开发有利于未成年人健康成长的网络产品和服务，依法惩治利用网络从事危害未成年人身心健康的活动，为未成年人提供安全、健康的网络环境。

第十四条　任何个人和组织有权对危害网络安全的行为向网信、电信、公安等部门举报。收到举报的部门应当及时依法作出处理；不属于本部门职责的，应当及时移送有权处理的部门。

有关部门应当对举报人的相关信息予以保密，保护举报人的合法权益。

第二章　网络安全支持与促进

第十五条　国家建立和完善网络安全标准体系。国务院标准化行政主管部门和国务院其他有关部门根据各自的职责，组织制定并适时修订有关网络安全管理以及网络产品、服务和运行安全的国家标准、行业标准。

国家支持企业、研究机构、高等学校、网络相关行业组织参与网络安全国家标准、行业标准的制定。

第十六条　国务院和省、自治区、直辖市人民政府应当统筹规划，加大投入，扶持重点网络安全技术产业和项目，支持网络安全技术的研究开发和应用，推广安全可信的网络产品和服务，保护网络技术知识产权，支持企业、研究机构和高等学校等参与国家网络安全技术创新项目。

第十七条　国家推进网络安全社会化服务体系建设，鼓励有关企业、机构开展网络安全认证、检测和风险评估等安全服务。

第十八条　国家鼓励开发网络数据安全保护和利用技术，促进公共数据资源开放，推动技术创新和经济社会发展。

国家支持创新网络安全管理方式，运用网络新技术，提升网络安全保护水平。

第十九条　各级人民政府及其有关部门应当组织开展经常性的网络安全宣传教育，并指导、督促有关单位做好网络安全宣传教育工作。

大众传播媒介应当有针对性地面向社会进行网络安全宣传教育。

第二十条　国家支持企业和高等学校、职业学校等教育培训机构开展网络安全相关教育与培训，采取多种方式培养网络安全人才，促进网络安全人才交流。

第三章　网络运行安全

第一节　一般规定

第二十一条　国家实行网络安全等级保护制度。网络运营者应当按照网络安全等级保护制度的要求，履行下列安全保护义务，保障网络免受干扰、破坏或者未经授权的访问，防止网络数据泄露或者被窃取、篡改：

（一）制定内部安全管理制度和操作规程，确定网络安全负责人，落实网络安全保护责任；

（二）采取防范计算机病毒和网络攻击、网络侵入等危害网络安全行为的技术措施；

（三）采取监测、记录网络运行状态、网络安全事件的技术措施，并按照规定留存相关的网络日志不少于六个月；

（四）采取数据分类、重要数据备份和加密等措施；

（五）法律、行政法规规定的其他义务。

第二十二条　网络产品、服务应当符合相关国家标准的强制性要求。网络产品、服务的提供者不得设置恶意程序；发现其网络产品、服务存在安全缺陷、漏洞等风险时，应当立即采取补救措施，按照规定及时告知用户并向有关主管部门报告。

网络产品、服务的提供者应当为其产品、服务持续提供安全维护；在规定或者当事人约定的期限内，不得终止提供安全维护。

网络产品、服务具有收集用户信息功能的，其提供者应当向用户明示并取得同意；涉及用户个人信息的，还应当遵守本法和有关法律、行政法规关于个人信息保护的规定。

第二十三条　网络关键设备和网络安全专用产品应当按照相关国家标准的强制性要求，由具备资格的机构安全认证合格或者安全检测符合要求后，方可销售或者提供。国家网信部门会同国务院有关部门制定、公布网络关键设备和网络安全专用产品目录，并推动安全认证和安全检测结果互认，避免重复认证、检测。

第二十四条　网络运营者为用户办理网络接入、域名注册服务，办理固定电话、移动电话等入网手续，或者为用户提供信息发布、即时通讯等服务，在与用户签订协议或者确认提供服务时，应当要求用户提供真实身份信息。用户不提供真实身份信息的，网络运营者不得为其提供相关服务。

国家实施网络可信身份战略，支持研究开发安全、方便的电子身份认证技术，推动不同电子身份认证之间的互认。

第二十五条　网络运营者应当制定网络安全事件应急预案，及时处置系统漏洞、计算机病毒、网络攻击、网络侵入等安全风险；在发生危害网络安全的事件时，立即启动应急预案，采取相应的补救措施，并按照规定向有关主管部门报告。

第二十六条　开展网络安全认证、检测、风险评估等活动，向社会发布系统漏洞、计算机病毒、网络攻击、网络侵入等网络安全信息，应当遵守国家有关规定。

第二十七条　任何个人和组织不得从事非法侵入他人网络、干扰他人网络正常功能、窃取网络数据等危害网络安全的活动；不得提供专门用于从事侵入网络、干扰网络正常功能及防护措施、窃取网络数据等危害网络安全活动的程序、工具；明知他人从事危害网络安全的活动的，不得为其提供技术支持、广告推广、支付结算等帮助。

第二十八条　网络运营者应当为公安机关、国家安全机关依法维护国家安全和侦查犯罪的活动提供技术支持和协助。

第二十九条　国家支持网络运营者之间在网络安全信息收集、分析、通报和应急处置等方面进行合作，提高网络运营者的安全保障能力。

有关行业组织建立健全本行业的网络安全保护规范和协作机制，加强对网络安全风险的分析评估，定期向会员进行风险警示，支持、协助会员应对网络安全风险。

第三十条　网信部门和有关部门在履行网络安全保护职责中获取的信息，只能用于维护网络安全的需要，不得用于其他用途。

第二节　关键信息基础设施的运行安全

第三十一条　国家对公共通信和信息服务、能源、交通、水利、金融、公共服务、电子政务等重要行业和领域，以及其他一旦遭到破坏、丧失功能或者数据泄露，可能严重危害国家安全、国计民生、公共利益的关键信息基础设施，在网络安全等级保护制度的基础上，实行重点保护。关键信息基础设施的具体范围和安全保护办法由国务院制定。

国家鼓励关键信息基础设施以外的网络运营者自愿参与关键信息基础设施保护体系。

第三十二条　按照国务院规定的职责分工，负责关键信息基础设施安全保护工作的部门分别编制并组织实施本行业、本领域的关键信息基础设施安全规划，指导和监督关键信息基础设施运行安全保护工作。

第三十三条 建设关键信息基础设施应当确保其具有支持业务稳定、持续运行的性能，并保证安全技术措施同步规划、同步建设、同步使用。

第三十四条 除本法第二十一条的规定外，关键信息基础设施的运营者还应当履行下列安全保护义务：

（一）设置专门安全管理机构和安全管理负责人，并对该负责人和关键岗位的人员进行安全背景审查；

（二）定期对从业人员进行网络安全教育、技术培训和技能考核；

（三）对重要系统和数据库进行容灾备份；

（四）制定网络安全事件应急预案，并定期进行演练；

（五）法律、行政法规规定的其他义务。

第三十五条 关键信息基础设施的运营者采购网络产品和服务，可能影响国家安全的，应当通过国家网信部门会同国务院有关部门组织的国家安全审查。

第三十六条 关键信息基础设施的运营者采购网络产品和服务，应当按照规定与提供者签订安全保密协议，明确安全和保密义务与责任。

第三十七条 关键信息基础设施的运营者在中华人民共和国境内运营中收集和产生的个人信息和重要数据应当在境内存储。因业务需要，确需向境外提供的，应当按照国家网信部门会同国务院有关部门制定的办法进行安全评估；法律、行政法规另有规定的，依照其规定。

第三十八条 关键信息基础设施的运营者应当自行或者委托网络安全服务机构对其网络的安全性和可能存在的风险每年至少进行一次检测评估，并将检测评估情况和改进措施报送相关负责关键信息基础设施安全保护工作的部门。

第三十九条 国家网信部门应当统筹协调有关部门对关键信息基础设施的安全保护采取下列措施：

（一）对关键信息基础设施的安全风险进行抽查检测，提出改进措施，必要时可以委托网络安全服务机构对网络存在的安全风险进行检测评估；

（二）定期组织关键信息基础设施的运营者进行网络安全应急演练，提高应对网络安全事件的水平和协同配合能力；

（三）促进有关部门、关键信息基础设施的运营者以及有关研究机构、网络安全服务机构等之间的网络安全信息共享；

（四）对网络安全事件的应急处置与网络功能的恢复等，提供技术支持和协助。

第四章　网络信息安全

第四十条　网络运营者应当对其收集的用户信息严格保密，并建立健全用户信息保护制度。

第四十一条　网络运营者收集、使用个人信息，应当遵循合法、正当、必要的原则，公开收集、使用规则，明示收集、使用信息的目的、方式和范围，并经被收集者同意。

网络运营者不得收集与其提供的服务无关的个人信息，不得违反法律、行政法规的规定和双方的约定收集、使用个人信息，并应当依照法律、行政法规的规定和与用户的约定，处理其保存的个人信息。

第四十二条　网络运营者不得泄露、篡改、毁损其收集的个人信息；未经被收集者同意，不得向他人提供个人信息。但是，经过处理无法识别特定个人且不能复原的除外。

网络运营者应当采取技术措施和其他必要措施，确保其收集的个人信息安全，防止信息泄露、毁损、丢失。在发生或者可能发生个人信息泄露、毁损、丢失的情况时，应当立即采取补救措施，按照规定及时告知用户并向有关主管部门报告。

第四十三条　个人发现网络运营者违反法律、行政法规的规定或者双方的约定收集、使用其个人信息的，有权要求网络运营者删除其个人信息；发现网络运营者收集、存储的其个人信息有错误的，有权要求网络运营者予以更正。网络运营者应当采取措施予以删除或者更正。

第四十四条　任何个人和组织不得窃取或者以其他非法方式获取个人信息，不得非法出售或者非法向他人提供个人信息。

第四十五条　依法负有网络安全监督管理职责的部门及其工作人员，必须对在履行职责中知悉的个人信息、隐私和商业秘密严格保密，不得泄露、出售或者非法向他人提供。

第四十六条　任何个人和组织应当对其使用网络的行为负责，不得设立用于实施诈骗，传授犯罪方法，制作或者销售违禁物品、管制物品等违法犯罪活动的网站、通信群组，不得利用网络发布涉及实施诈骗，制作或者销售违禁物品、管制物品以及其他违法犯罪活动的信息。

第四十七条　网络运营者应当加强对其用户发布的信息的管理，发现法律、行政法规禁止发布或者传输的信息的，应当立即停止传输该信息，采取消除等处置措施，防止信息扩散，保存有关记录，并向有关主管部门报告。

第四十八条 任何个人和组织发送的电子信息、提供的应用软件，不得设置恶意程序，不得含有法律、行政法规禁止发布或者传输的信息。

电子信息发送服务提供者和应用软件下载服务提供者，应当履行安全管理义务，知道其用户有前款规定行为的，应当停止提供服务，采取消除等处置措施，保存有关记录，并向有关主管部门报告。

第四十九条 网络运营者应当建立网络信息安全投诉、举报制度，公布投诉、举报方式等信息，及时受理并处理有关网络信息安全的投诉和举报。

网络运营者对网信部门和有关部门依法实施的监督检查，应当予以配合。

第五十条 国家网信部门和有关部门依法履行网络信息安全监督管理职责，发现法律、行政法规禁止发布或者传输的信息的，应当要求网络运营者停止传输，采取消除等处置措施，保存有关记录；对来源于中华人民共和国境外的上述信息，应当通知有关机构采取技术措施和其他必要措施阻断传播。

第五章 监测预警与应急处置

第五十一条 国家建立网络安全监测预警和信息通报制度。国家网信部门应当统筹协调有关部门加强网络安全信息收集、分析和通报工作，按照规定统一发布网络安全监测预警信息。

第五十二条 负责关键信息基础设施安全保护工作的部门，应当建立健全本行业、本领域的网络安全监测预警和信息通报制度，并按照规定报送网络安全监测预警信息。

第五十三条 国家网信部门协调有关部门建立健全网络安全风险评估和应急工作机制，制定网络安全事件应急预案，并定期组织演练。

负责关键信息基础设施安全保护工作的部门应当制定本行业、本领域的网络安全事件应急预案，并定期组织演练。

网络安全事件应急预案应当按照事件发生后的危害程度、影响范围等因素对网络安全事件进行分级，并规定相应的应急处置措施。

第五十四条 网络安全事件发生的风险增大时，省级以上人民政府有关部门应当按照规定的权限和程序，并根据网络安全风险的特点和可能造成的危害，采取下列措施：

（一）要求有关部门、机构和人员及时收集、报告有关信息，加强对网络安全风险的监测；

（二）组织有关部门、机构和专业人员，对网络安全风险信息进行分析评估，预测事件发生的可能性、影响范围和危害程度；

（三）向社会发布网络安全风险预警，发布避免、减轻危害的措施。

第五十五条　发生网络安全事件，应当立即启动网络安全事件应急预案，对网络安全事件进行调查和评估，要求网络运营者采取技术措施和其他必要措施，消除安全隐患，防止危害扩大，并及时向社会发布与公众有关的警示信息。

第五十六条　省级以上人民政府有关部门在履行网络安全监督管理职责中，发现网络存在较大安全风险或者发生安全事件的，可以按照规定的权限和程序对该网络的运营者的法定代表人或者主要负责人进行约谈。网络运营者应当按照要求采取措施，进行整改，消除隐患。

第五十七条　因网络安全事件，发生突发事件或者生产安全事故的，应当依照《中华人民共和国突发事件应对法》、《中华人民共和国安全生产法》等有关法律、行政法规的规定处置。

第五十八条　因维护国家安全和社会公共秩序，处置重大突发社会安全事件的需要，经国务院决定或者批准，可以在特定区域对网络通信采取限制等临时措施。

第六章　法律责任

第五十九条　网络运营者不履行本法第二十一条、第二十五条规定的网络安全保护义务的，由有关主管部门责令改正，给予警告；拒不改正或者导致危害网络安全等后果的，处一万元以上十万元以下罚款，对直接负责的主管人员处五千元以上五万元以下罚款。

关键信息基础设施的运营者不履行本法第三十三条、第三十四条、第三十六条、第三十八条规定的网络安全保护义务的，由有关主管部门责令改正，给予警告；拒不改正或者导致危害网络安全等后果的，处十万元以上一百万元以下罚款，对直接负责的主管人员处一万元以上十万元以下罚款。

第六十条　违反本法第二十二条第一款、第二款和第四十八条第一款规定，有下列行为之一的，由有关主管部门责令改正，给予警告；拒不改正或者导致危害网络安全等后果的，处五万元以上五十万元以下罚款，对直接负责的主管人员处一万元以上十万元以下罚款：

（一）设置恶意程序的；

（二）对其产品、服务存在的安全缺陷、漏洞等风险未立即采取补救措施，或者未按照规定及时告知用户并向有关主管部门报告的；

（三）擅自终止为其产品、服务提供安全维护的。

第六十一条　网络运营者违反本法第二十四条第一款规定，未要求用户提供真实身份信息，或者对不提供真实身份信息的用户提供相关服务的，由有关主管部门责令改正；拒不改正或者情节严重的，处五万元以上五十万元以下罚款，并可以由有关主管部门责令暂停相关业务、停业整顿、关闭网站、吊销相关业务许可证或者吊销营业执照，对直接负责的主管人员和其他直接责任人员处一万元以上十万元以下罚款。

第六十二条　违反本法第二十六条规定，开展网络安全认证、检测、风险评估等活动，或者向社会发布系统漏洞、计算机病毒、网络攻击、网络侵入等网络安全信息的，由有关主管部门责令改正，给予警告；拒不改正或者情节严重的，处一万元以上十万元以下罚款，并可以由有关主管部门责令暂停相关业务、停业整顿、关闭网站、吊销相关业务许可证或者吊销营业执照，对直接负责的主管人员和其他直接责任人员处五千元以上五万元以下罚款。

第六十三条　违反本法第二十七条规定，从事危害网络安全的活动，或者提供专门用于从事危害网络安全活动的程序、工具，或者为他人从事危害网络安全的活动提供技术支持、广告推广、支付结算等帮助，尚不构成犯罪的，由公安机关没收违法所得，处五日以下拘留，可以并处五万元以上五十万元以下罚款；情节较重的，处五日以上十五日以下拘留，可以并处十万元以上一百万元以下罚款。

单位有前款行为的，由公安机关没收违法所得，处十万元以上一百万元以下罚款，并对直接负责的主管人员和其他直接责任人员依照前款规定处罚。

违反本法第二十七条规定，受到治安管理处罚的人员，五年内不得从事网络安全管理和网络运营关键岗位的工作；受到刑事处罚的人员，终身不得从事网络安全管理和网络运营关键岗位的工作。

第六十四条　网络运营者、网络产品或者服务的提供者违反本法第二十二条第三款、第四十一条至第四十三条规定，侵害个人信息依法得到保护的权利的，由有关主管部门责令改正，可以根据情节单处或者并处警告、没收违法所得、处违法所得一倍以上十倍以下罚款，没有违法所得的，处一百万元以下罚款，对直接负责的主管人员和其他直接责任人员处一万元以上十万元以下罚款；情节严重的，并可以责令暂停相关业务、停业整顿、关闭网站、吊销相关业务许可证或者吊销营业执照。

违反本法第四十四条规定，窃取或者以其他非法方式获取、非法出售或者非法向他人提供个人信息，尚不构成犯罪的，由公安机关没收违法所得，并处违法所得一倍以上十倍以下罚款，没有违法所得的，处一百万元以下罚款。

第六十五条　关键信息基础设施的运营者违反本法第三十五条规定，使用未经安全审查或者安全审查未通过的网络产品或者服务的，由有关主管部门责令停止使用，处采购金额一倍以上十倍以下罚款；对直接负责的主管人员和其他直接责任人员处一万元以上十万元以下罚款。

第六十六条　关键信息基础设施的运营者违反本法第三十七条规定，在境外存储网络数据，或者向境外提供网络数据的，由有关主管部门责令改正，给予警告，没收违法所得，处五万元以上五十万元以下罚款，并可以责令暂停相关业务、停业整顿、关闭网站、吊销相关业务许可证或者吊销营业执照；对直接负责的主管人员和其他直接责任人员处一万元以上十万元以下罚款。

第六十七条　违反本法第四十六条规定，设立用于实施违法犯罪活动的网站、通信群组，或者利用网络发布涉及实施违法犯罪活动的信息，尚不构成犯罪的，由公安机关处五日以下拘留，可以并处一万元以上十万元以下罚款；情节较重的，处五日以上十五日以下拘留，可以并处五万元以上五十万元以下罚款，关闭用于实施违法犯罪活动的网站、通信群组。

单位有前款行为的，由公安机关处十万元以上五十万元以下罚款，并对直接负责的主管人员和其他直接责任人员依照前款规定处罚。

第六十八条　网络运营者违反本法第四十七条规定，对法律、行政法规禁止发布或者传输的信息未停止传输、采取消除等处置措施、保存有关记录的，由有关主管部门责令改正，给予警告，没收违法所得；拒不改正或者情节严重的，处十万元以上五十万元以下罚款，并可以责令暂停相关业务、停业整顿、关闭网站、吊销相关业务许可证或者吊销营业执照，对直接负责的主管人员和其他直接责任人员处一万元以上十万元以下罚款。

电子信息发送服务提供者、应用软件下载服务提供者，不履行本法第四十八条第二款规定的安全管理义务的，依照前款规定处罚。

第六十九条　网络运营者违反本法规定，有下列行为之一的，由有关主管部门责令改正；拒不改正或者情节严重的，处五万元以上五十万元以下罚款，对直接负责的主管人员和其他直接责任人员，处一万元以上十万元以下罚款：

（一）不按照有关部门的要求对法律、行政法规禁止发布或者传输的信息，采取停止传输、消除等处置措施的；

（二）拒绝、阻碍有关部门依法实施的监督检查的；

（三）拒不向公安机关、国家安全机关提供技术支持和协助的。

第七十条　发布或者传输本法第十二条第二款和其他法律、行政法规禁止发布或者传输的信息的，依照有关法律、行政法规的规定处罚。

第七十一条　有本法规定的违法行为的，依照有关法律、行政法规的规定记入信用档案，并予以公示。

第七十二条　国家机关政务网络的运营者不履行本法规定的网络安全保护义务的，由其上级机关或者有关机关责令改正；对直接负责的主管人员和其他直接责任人员依法给予处分。

第七十三条　网信部门和有关部门违反本法第三十条规定，将在履行网络安全保护职责中获取的信息用于其他用途的，对直接负责的主管人员和其他直接责任人员依法给予处分。

网信部门和有关部门的工作人员玩忽职守、滥用职权、徇私舞弊，尚不构成犯罪的，依法给予处分。

第七十四条　违反本法规定，给他人造成损害的，依法承担民事责任。

违反本法规定，构成违反治安管理行为的，依法给予治安管理处罚；构成犯罪的，依法追究刑事责任。

第十五条　境外的机构、组织、个人从事攻击、侵入、干扰、破坏等危害中华人民共和国的关键信息基础设施的活动，造成严重后果的，依法追究法律责任；国务院公安部门和有关部门并可以决定对该机构、组织、个人采取冻结财产或者其他必要的制裁措施。

第七章　附　则

第七十六条　本法下列用语的含义：

（一）网络，是指由计算机或者其他信息终端及相关设备组成的按照一定的规则和程序对信息进行收集、存储、传输、交换、处理的系统。

（二）网络安全，是指通过采取必要措施，防范对网络的攻击、侵入、干扰、破坏和非法使用以及意外事故，使网络处于稳定可靠运行的状态，以及保障网络数据的完整性、保密性、可用性的能力。

（三）网络运营者，是指网络的所有者、管理者和网络服务提供者。

（四）网络数据，是指通过网络收集、存储、传输、处理和产生的各种电子数据。

（五）个人信息，是指以电子或者其他方式记录的能够单独或者与其他信息结合识别自然人个人身份的各种信息，包括但不限于自然人的姓名、出生日期、身份证件号码、个人生物识别信息、住址、电话号码等。

第七十七条　存储、处理涉及国家秘密信息的网络的运行安全保护，除应当遵守本法外，还应当遵守保密法律、行政法规的规定。

第七十八条　军事网络的安全保护，由中央军事委员会另行规定。

第七十九条　本法自 2017 年 6 月 1 日起施行。

11.2　行政法规

11.2.1　中华人民共和国计算机信息系统安全保护条例

《中华人民共和国计算机信息系统安全保护条例》

（1994 年 2 月 18 日中华人民共和国国务院令第 147 号，
根据 2011 年 1 月 8 日《国务院关于废止和修改部分行政法规的决定》修订）

第一章　总　则

第一条　为了保护计算机信息系统的安全，促进计算机的应用和发展，保障社会主义现代化建设的顺利进行，制定本条例。

第二条　本条例所称的计算机信息系统，是指由计算机及其相关的和配套的设备、设施（含网络）构成的，按照一定的应用目标和规则对信息进行采集、加工、存储、传输、检索等处理的人机系统。

第三条　计算机信息系统的安全保护，应当保障计算机及其相关的和配套的设备、设施（含网络）的安全，运行环境的安全，保障信息的安全，保障计算机功能的正常发挥，以维护计算机信息系统的安全运行。

第四条　计算机信息系统的安全保护工作，重点维护国家事务、经济建设、国防建设、尖端科学技术等重要领域的计算机信息系统的安全。

第五条　中华人民共和国境内的计算机信息系统的安全保护，适用本条例。

未联网的微型计算机的安全保护办法，另行制定。

第六条　公安部主管全国计算机信息系统安全保护工作。国家安全部、国家保密局和国务院其他有关部门，在国务院规定的职责范围内做好计算机信息系统安全保护的有关工作。

第七条　任何组织或个人，不得利用计算机信息系统从事危害国家利益、集体利益和公民合法利益的活动，不得危害计算机信息系统的安全。

第二章　安全保护制度

第八条　计算机信息系统的建设和应用，应当遵守法律、行政法规和国家其他有关规定。

第九条　计算机信息系统实行安全等级保护。安全等级的划分标准和安全等级保护的具体办法，由公安部会同有关部门制定。

第十条　计算机机房应当符合国家标准和国家有关规定。在计算机机房附近施工，不得危害计算机信息系统的安全。

第十一条　进行国际联网的计算机信息系统，由计算机信息系统的使用单位报省级以上人民政府公安机关备案。

第十二条　运输、携带、邮寄计算机信息媒体进出境的，应当如实向海关申报。

第十三条　计算机信息系统的使用单位应当建立健全安全管理制度，负责本单位计算机信息系统的安全保护工作。

第十四条　对计算机信息系统中发生的案件，有关使用单位应当在 24 小时内向当地县级以上人民政府公安机关报告。

第十五条　对计算机病毒和危害社会公共安全的其他有害数据的防治研究工作，由公安部归口管理。

第十六条　国家对计算机信息系统安全专用产品的销售实行许可证制度。具体办法由公安部会同有关部门制定。

第三章　安全监督

第十七条　公安机关对计算机信息系统保护工作行使下列监督职权：

（一）监督、检查、指导计算机信息系统安全保护工作；

（二）查处危害计算机信息系统安全的违法犯罪案件；

（三）履行计算机信息系统安全保护工作的其他监督职责。

第十八条　公安机关发现影响计算机信息系统安全的隐患时，应当及时通知使用单位采取安全保护措施。

第十九条　公安部在紧急情况下，可以就涉及计算机信息系统安全的特定事项发布专项通令。

第四章　法律责任

第二十条　违反本条例的规定，有下列行为之一的，由公安机关处以警告或者停机整顿：

（一）违反计算机信息系统安全等级保护制度，危害计算机信息系统安全的；

（二）违反计算机信息系统国际联网备案制度的；

（三）不按照规定时间报告计算机信息系统中发生的案件的；

（四）接到公安机关要求改进安全状况的通知后，在限期内拒不改进的；

（五）有危害计算机信息系统安全的其他行为的。

第二十一条　计算机机房不符合国家标准和国家其他有关规定的，或者在计算机机房附近施工危害计算机信息系统安全的，由公安机关会同有关单位进行处理。

第二十二条　运输、携带、邮寄计算机信息媒体进出境，不如实向海关申报的，由海关依照《中华人民共和国海关法》和本条例以及其他有关法律、法规的规定处理。

第二十三条　故意输入计算机病毒以及其他有害数据危害计算机信息系统安全的，或者未经许可出售计算机信息系统安全专用产品的，由公安机关处以警告或者对个人处以5 000 元以下的罚款、对单位处以 15 000 元以下的罚款；有违法所得的，除予以没收外，可以处以违法所得 1 至 3 倍的罚款。

第二十四条　违反本条例的规定，构成违反治安管理行为的，依照《中华人民共和国治安管理处罚法》的有关规定处罚；构成犯罪的，依法追究刑事责任。

第二十五条　任何组织或者个人违反本条例的规定，给国家、集体或者他人财产造成损失的，应当依法承担民事责任。

第二十六条　当事人对公安机关依照本条例所作出的具体行政行为不服的，可以依法申请行政复议或者提起行政诉讼。

第二十七条　执行本条例的国家公务员利用职权，索取、收受贿赂或者有其他违法、失职行为，构成犯罪的，依法追究刑事责任；尚不构成犯罪的，给予行政处分。

第五章　附　则

第二十八条　本条例下列用语的含义：

计算机病毒，是指编制或者在计算机程序中插入的破坏计算机功能或者毁坏数据，影响计算机使用，并能自我复制的一组计算机指令或者程序代码。

计算机信息系统安全专用产品，是指用于保护计算机信息系统安全的专用硬件和软件产品。

第二十九条 军队的计算机信息系统安全保护工作，按照军队的有关法规执行。

第三十条 公安部可以根据本条例制定实施办法。

第三十一条 本条例自发布之日起施行。

11.2.2 中华人民共和国计算机信息网络国际联网管理暂行规定

《中华人民共和国计算机信息网络国际联网管理暂行规定》

（1996 年 2 月 1 日中华人民共和国国务院令第 195 号，根据 1997 年 5 月 20 日《国务院关于修改〈中华人民共和国计算机信息网络国际联网管理暂行规定〉的决定》修正）

第一条 为了加强对计算机信息网络国际联网的管理，保障国际计算机信息交流的健康发展，制定本规定。

第二条 中华人民共和国境内的计算机信息网络进行国际联网，应当依照本规定办理。

第三条 本规定下列用语的含义是：

（一）计算机信息网络国际联网（以下简称国际联网），是指中华人民共和国境内的计算机信息网络为实现信息的国际交流，同外国的计算机信息网络相连接。

（二）互联网络，是指直接进行国际联网的计算机信息网络；互联单位，是指负责互联网络运行的单位。

（三）接入网络，是指通过接入互联网络进行国际联网的计算机信息网络；接入单位，是指负责接入网络运行的单位。

第四条 国家对国际联网实行统筹规划、统一标准、分级管理、促进发展的原则。

第五条 国务院信息化工作领导小组（以下简称领导小组），负责协调、解决有关国际联网工作中的重大问题。

领导小组办公室按照本规定制定具体管理办法，明确国际出入口信道提供单位、互联单位、接入单位和用户的权利、义务和责任，并负责对国际联网工作的检查监督。

第六条　计算机信息网络直接进行国际联网，必须使用邮电部国家公用电信网提供的国际出入口信道。

任何单位和个人不得自行建立或者使用其他信道进行国际联网。

第七条　已经建立的互联网络，根据国务院有关规定调整后，分别由邮电部、电子工业部、国家教育委员会和中国科学院管理。

新建互联网络，必须报经国务院批准。

第八条　接入网络必须通过互联网络进行国际联网。

接入单位拟从事国际联网经营活动的，应当向有权受理从事国际联网经营活动申请的互联单位主管部门或者主管单位申请领取国际联网经营许可证；未取得国际联网经营许可证的，不得从事国际联网经营业务。

接入单位拟从事非经营活动的，应当报经有权受理从事非经营活动申请的互联单位主管部门或者主管单位审批；未经批准的，不得接入互联网络进行国际联网。

申请领取国际联网经营许可证或者办理审批手续时，应当提供其计算机信息网络的性质、应用范围和主机地址等资料。

国际联网经营许可证的格式，由领导小组统一制定。

第九条　从事国际联网经营活动的和从事非经营活动的接入单位都必须具备下列条件：

（一）是依法设立的企业法人或者事业法人；

（二）具有相应的计算机信息网络、装备以及相应的技术人员和管理人员；

（三）具有健全的安全保密管理制度和技术保护措施；

（四）符合法律和国务院规定的其他条件。

接入单位从事国际联网经营活动的，除必须具备本条前款规定条件外，还应当具备为用户提供长期服务的能力。

从事国际联网经营活动的接入单位的情况发生变化，不再符合本条第一款、第二款规定条件的，其国际联网经营许可证由发证机构予以吊销；从事非经营活动的接入单位的情况发生变化，不再符合本条第一款规定条件的，其国际联网资格由审批机构予以取消。

第十条　个人、法人和其他组织（以下统称用户）使用的计算机或者计算机信息网络，需要进行国际联网的，必须通过接入网络进行国际联网。

前款规定的计算机或者计算机信息网络，需要接入网络的，应当征得接入单位的同意，并办理登记手续。

第十一条　国际出入口信道提供单位、互联单位和接入单位，应当建立相应的网络管理中心，依照法律和国家有关规定加强对本单位及其用户的管理，做好网络信息安全管理工作，确保为用户提供良好、安全的服务。

第十二条　互联单位与接入单位，应当负责本单位及其用户有关国际联网的技术培训和管理教育工作。

第十三条　从事国际联网业务的单位和个人，应当遵守国家有关法律、行政法规，严格执行安全保密制度，不得利用国际联网从事危害国家安全、泄露国家秘密等违法犯罪活动，不得制作、查阅、复制和传播妨碍社会治安的信息和淫秽色情等信息。

第十四条　违反本规定第六条、第八条和第十条的规定的，由公安机关责令停止联网，给予警告，可以并处 15 000 元以下的罚款；有违法所得的，没收违法所得。

第十五条　违反本规定，同时触犯其他有关法律、行政法规的，依照有关法律、行政法规的规定予以处罚；构成犯罪的，依法追究刑事责任。

第十六条　与台湾、香港、澳门地区的计算机信息网络的联网，参照本规定执行。

第十七条　本规定自发布之日起施行。

11.2.3　计算机信息网络国际联网安全保护管理办法

《计算机信息网络国际联网安全保护管理办法》

（1997 年 12 月 11 日国务院批准，1997 年 12 月 30 日公安部令第 33 号，
根据 2011 年 1 月 8 日《国务院关于废止和修改部分行政法规的决定》修订）

第一章　总　则

第一条　为了加强对计算机信息网络国际联网的安全保护，维护公共秩序和社会稳定，根据《中华人民共和国计算机信息系统安全保护条例》、《中华人民共和国计算机信息网络国际联网管理暂行规定》和其他法律、行政法规的规定，制定本办法。

第二条　中华人民共和国境内的计算机信息网络国际联网安全保护管理，适用本办法。

第三条　公安部计算机管理监察机构负责计算机信息网络国际联网的安全保护管理工作。公安机关计算机管理监察机构应当保护计算机信息网络国际联网的公共安全，维护从

事国际联网业务的单位和个人的合法权益和公众利益。

第四条　任何单位和个人不得利用国际联网危害国家安全、泄露国家秘密，不得侵犯国家的、社会的、集体的利益和公民的合法权益，不得从事违法犯罪活动。

第五条　任何单位和个人不得利用国际联网制作、复制、查阅和传播下列信息：

（一）煽动抗拒、破坏宪法和法律、行政法规实施的；

（二）煽动颠覆国家政权，推翻社会主义制度的；

（三）煽动分裂国家、破坏国家统一的；

（四）煽动民族仇恨、民族歧视，破坏民族团结的；

（五）捏造或者歪曲事实，散布谣言，扰乱社会秩序的；

（六）宣扬封建迷信、淫秽、色情、赌博、暴力、凶杀、恐怖，教唆犯罪的；

（七）公然侮辱他人或者捏造事实诽谤他人的；

（八）损害国家机关信誉的；

（九）其他违反宪法和法律、行政法规的。

第六条　任何单位和个人不得从事下列危害计算机信息网络安全的活动：

（一）未经允许，进入计算机信息网络或者使用计算机信息网络资源的；

（二）未经允许，对计算机信息网络功能进行删除、修改或者增加的；

（三）未经允许，对计算机信息网络中存储、处理或者传输的数据和应用程序进行删除、修改或者增加的；

（四）故意制作、传播计算机病毒等破坏性程序的；

（五）其他危害计算机信息网络安全的。

第七条　用户的通信自由和通信秘密受法律保护。任何单位和个人不得违反法律规定，利用国际联网侵犯用户的通信自由和通信秘密。

第二章　安全保护责任

第八条　从事国际联网业务的单位和个人应当接受公安机关的安全监督、检查和指导，如实向公安机关提供有关安全保护的信息、资料及数据文件，协助公安机关查处通过国际联网的计算机信息网络的违法犯罪行为。

第九条　国际出入口信道提供单位、互联单位的主管部门或者主管单位，应当依照法律和国家有关规定负责国际出入口信道、所属互联网络的安全保护管理工作。

第十条　互联单位、接入单位及使用计算机信息网络国际联网的法人和其他组织应当履行下列安全保护职责：

（一）负责本网络的安全保护管理工作，建立健全安全保护管理制度；

（二）落实安全保护技术措施，保障本网络的运行安全和信息安全；

（三）负责对本网络用户的安全教育和培训；

（四）对委托发布信息的单位和个人进行登记，并对所提供的信息内容按照本办法第五条进行审核；

（五）建立计算机信息网络电子公告系统的用户登记和信息管理制度；

（六）发现有本办法第四条、第五条、第六条、第七条所列情形之一的，应当保留有关原始记录，并在二十四小时内向当地公安机关报告；

（七）按照国家有关规定，删除本网络中含有本办法第五条内容的地址、目录或者关闭服务器。

第十一条　用户在接入单位办理入网手续时，应当填写用户备案表。备案表由公安部监制。

第十二条　互联单位、接入单位、使用计算机信息网络国际联网的法人和其他组织（包括跨省、自治区、直辖市联网的单位和所属的分支机构），应当自网络正式联通之日起三十日内，到所在地的省、自治区、直辖市人民政府公安机关指定的受理机关办理备案手续。

前款所列单位应当负责将接入本网络的接入单位和用户情况报当地公安机关备案，并及时报告本网络中接入单位和用户的变更情况。

第十三条　使用公用帐号的注册者应当加强对公用帐号的管理，建立账号使用登记制度。用户账号不得转借、转让。

第十四条　涉及国家事务、经济建设、国防建设、尖端科学技术等重要领域的单位办理备案手续时，应当出具其行政主管部门的审批证明。前款所列单位的计算机信息网络与国际联网，应当采取相应的安全保护措施。

第三章　安全监督

第十五条　省、自治区、直辖市公安厅（局），地（市）、县（市）公安局，应当有相应机构负责国际联网的安全保护管理工作。

第十六条　公安机关计算机管理监察机构应当掌握互联单位、接入单位和用户的备案情况，建立备案档案，进行备案统计，并按照国家有关规定逐级上报。

第十七条　公安机关计算机管理监察机构应当督促互联单位、接入单位及有关用户建立健全安全保护管理制度。监督、检查网络安全保护管理以及技术措施的落实情况。

公安机关计算机管理监察机构在组织安全检查时，有关单位应当派人参加。公安机关计算机管理监察机构对安全检查发现的问题，应当提出改进意见，作出详细记录，存档备查。

第十八条　公安机关计算机管理监察机构发现含有本办法第五条所列内容的地址、目录或者服务器时，应当通知有关单位关闭或者删除。

第十九条　公安机关计算机管理监察机构应当负责追踪和查处通过计算机信息网络的违法行为和针对计算机信息网络的犯罪案件，对违反本办法第四条、第七条规定的违法犯罪行为，应当按照国家有关规定移送有关部门或者司法机关处理。

第四章　法律责任

第二十条　违反法律、行政法规，有本办法第五条、第六条所列行为之一的，由公安机关给予警告，有违法所得的，没收违法所得，对个人可以并处五千元以下的罚款，对单位可以并处一万五千元以下的罚款，情节严重的，并可以给予六个月以内停止联网、停机整顿的处罚，必要时可以建议原发证、审批机构吊销经营许可证或者取消联网资格；构成违反治安管理行为的，依照治安管理处罚法的规定处罚；构成犯罪的，依法追究刑事责任。

第二十一条　有下列行为之一的，由公安机关责令限期改正，给予警告，有违法所得的，没收违法所得；在规定的限期内未改正的，对单位的主管负责人员和其他直接责任人员可以并处五千元以下的罚款，对单位可以并处一万五千元以下的罚款；情节严重的，并可以给予六个月以内的停止联网、停机整顿的处罚，必要时可以建议原发证、审批机构吊销经营许可证或者取消联网资格。

（一）未建立安全保护管理制度的；

（二）未采取安全技术保护措施的；

（三）未对网络用户进行安全教育和培训的；

（四）未提供安全保护管理所需信息、资料及数据文件，或者所提供内容不真实的；

（五）对委托其发布的信息内容未进行审核或者对委托单位和个人未进行登记的；

（六）未建立电子公告系统的用户登记和信息管理制度的；

（七）未按照国家有关规定，删除网络地址、目录或者关闭服务器的；

（八）未建立公用账号使用登记制度的；

（九）转借、转让用户账号的。

第二十二条　违反本办法第四条、第七条规定的，依照有关法律、法规予以处罚。

第二十三条　违反本办法第十一条、第十二条规定，不履行备案职责的，由公安机关给予警告或者停机整顿不超过六个月的处罚。

第五章　附　则

第二十四条　与香港和澳门特别行政区、台湾地区联网的计算机信息网络的安全保护管理，参照本办法执行。

第二十五条　本办法自发布之日起施行。

11.3　部门规章

11.3.1　计算机信息系统安全专用产品检测和销售许可证管理办法

《计算机信息系统安全专用产品检测和销售许可证管理办法》

（公安部令第 32 号，1997 年 6 月 28 日公安部部长办公会议通过，1997 年 12 月 12 日施行）

第一章　总　则

第一条　为加强计算机信息系统安全专用产品（以下简称安全专用产品）的管理，保证安全专用产品的安全功能，维护计算机信息系统的安全，根据《中华人民共和国计算机信息系统安全保护条例》第十六条的规定，制定本办法。

第二条　本办法所称计算机信息系统安全专用产品，是指用于保护计算机信息系统安全的专用硬件和软件产品。

第三条　中华人民共和国境内的安全专用产品进入市场销售，实行销售许可证制度。安全专用产品的生产者在其产品进入市场销售之前，必须申领《计算机信息系统安全专用产品销售许可证》（以下简称销售许可证）。

第四条　安全专用产品的生产者申领销售许可证，必须对其产品进行安全功能检测和认定。

第五条　公安部计算机管理监察部门负责销售许可证的审批颁发工作和安全专用产品安全功能检测机构（以下简称检测机构）的审批工作。地（市）级以上人民政府公安机关负责销售许可证的监督检查工作。

第二章　检测机构的申请与批准

第六条　经省级以上技术监督行政主管部门或者其授权的部门考核合格的检测机构，可以向公安部计算机管理监察部门提出承担安全专用产品检测任务的申请。

第七条　公安部计算机管理监察部门对提出申请的检测机构的检测条件和能力进行审查，经审查合格的，批准其承担安全专用产品检测任务。

第八条　检测机构应当履行下列职责：

（一）严格执行公安部计算机管理监察部门下达的检测任务；

（二）按照标准格式填写安全专用产品检测报告；

（三）出具检测结果报告；

（四）接受公安部计算机管理监察部门对检测过程的监督及查阅检测机构内部验证和审核试验的原始测试记录；

（五）保守检测产品的技术秘密，并不得非法占有他人科技成果；

（六）不得从事与检测产品有关的开发和对外咨询业务。

第九条　公安部计算机管理监察部门对承担检测任务的检测机构每年至少进行一次监督检查。

第十条　被取消检测资格的检测机构，两年后方准许重新申请承担安全专用产品的检测任务。

第三章　安全专用产品的检测

第十一条　安全专用产品的生产者应当向经公安部计算机管理监察部门批准的检测机构申请安全功能检测。对在国内生产的安全专用产品，由其生产者负责送交检测；对境外生产在国内销售的安全专用产品，由国外生产者指定的国内具有法人资格的企业或单位负责送交检测。当安全专用产品的安全功能发生改变时，安全专用产品应当进行重新检测。

第十二条　送交安全专用产品检测时，应当向检测机构提交以下材料：

（一）安全专用产品的安全功能检测申请；

（二）营业执照（复印件）；

（三）样品；

（四）产品功能及性能的中文说明；

（五）证明产品功能及性能的有关材料；

（六）采用密码技术的安全专用产品必须提交国家密码管理部门的审批文件；

（七）根据有关规定需要提交的其他材料。

第十三条　检测机构收到检测申请、样品及其他有关材料后，应当按照安全专用产品的功能说明，检测其是否具有计算机信息系统安全保护功能。

第十四条　检测机构应当及时检测，并将检测报告报送公安部计算机管理监察部门备案。

第四章　销售许可证的审批与颁发

第十五条　安全专用产品的生产者申领销售许可证，应当向公安部计算机管理监察部门提交以下材料：

（一）营业执照（复印件）；

（二）安全专用产品检测结果报告；

（三）防治计算机病毒的安全专用产品须提交公安机关颁发的计算机病毒防治研究的备案证明。

第十六条　公安部计算机管理监察部门自接到申请之日起，应当在十五日内对安全专用产品作出审核结果，特殊情况可延至三十日；经审核合格的，颁发销售许可证和安全专用产品“销售许可”标记；不合格的，书面通知申领者，并说明理由。

第十七条　已取得销售许可证的安全专用产品，生产者应当在固定位置标明“销售许可”标记。任何单位和个人不得销售无“销售许可”标记的安全专用产品。

第十八条　销售许可证只对所申请销售的安全专用产品有效。当安全专用产品的功能发生改变时，必须重新申领销售许可证。

第十九条　销售许可证自批准之日起两年内有效。期满需要延期的，应当于期满前三十日内向公安部计算机管理监察部门申请办理延期手续。

第五章　罚　则

第二十条　生产企业违反本办法的规定，有下列情形之一的，视为未经许可出售安全专用产品，由公安机关根据《中华人民共和国计算机信息系统安全保护条例》的规定予以处罚：

（一）没有申领销售许可证而将生产的安全专用产品进入市场销售的；

（二）安全专用产品的功能发生改变，而没有重新申领销售许可证进行销售的；

（三）销售许可证有效期满，未办理延期申领手续而继续销售的；

（四）提供虚假的安全专用产品检测报告或者虚假的计算机病毒防治研究的备案证明，骗取销售许可证的；

（五）销售的安全专用产品与送检样品安全功能不一致的；

（六）未在安全专用产品上标明“销售许可”标记而销售的；

（七）伪造、变造销售许可证和“销售许可”标记的。

第二十一条　检测机构违反本办法的规定，情节严重的，取消检测资格。

第二十二条　安全专用产品中含有有害数据危害计算机信息系统安全的，依据《中华人民共和国计算机信息系统安全保护条例》第二十三条的规定处罚；构成犯罪的，依法追究刑事责任。

第二十三条　依照本办法作出的行政处罚，应当由县级以上（含县级）公安机关决定，并填写行政处罚决定书，向被处罚人宣布。

第六章　附　则

第二十四条　安全专用产品的检测通告和经安全功能检测确认的安全专用产品目录，由公安部计算机管理监察部门发布。

第二十五条　检测机构申请书、检测机构批准书、《计算机信息系统安全专用产品销售许可证》、“销售许可”标记，由公安部制定式样，统一监制。

第二十六条　本办法自一九九七年十二月十二日起施行。

11.3.2　信息安全等级保护管理办法

《关于印发〈信息安全等级保护管理办法〉的通知》

（公通字〔2007〕43号）

第一章　总　则

第一条　为规范信息安全等级保护管理，提高信息安全保障能力和水平，维护国家安全、社会稳定和公共利益，保障和促进信息化建设，根据《中华人民共和国计算机信息系统安全保护条例》等有关法律法规，制定本办法。

第二条　国家通过制定统一的信息安全等级保护管理规范和技术标准，组织公民、法人和其他组织对信息系统分等级实行安全保护，对等级保护工作的实施进行监督、管理。

第三条　公安机关负责信息安全等级保护工作的监督、检查、指导。国家保密工作部门负责等级保护工作中有关保密工作的监督、检查、指导。国家密码管理部门负责等级保护工作中有关密码工作的监督、检查、指导。涉及其他职能部门管辖范围的事项，由有关职能部门依照国家法律法规的规定进行管理。国务院信息化工作办公室及地方信息化领导小组办事机构负责等级保护工作的部门间协调。

第四条　信息系统主管部门应当依照本办法及相关标准规范，督促、检查、指导本行业、本部门或者本地区信息系统运营、使用单位的信息安全等级保护工作。

第五条　信息系统的运营、使用单位应当依照本办法及其相关标准规范，履行信息安全等级保护的义务和责任。

第二章　等级划分与保护

第六条　国家信息安全等级保护坚持自主定级、自主保护的原则。信息系统的安全保护等级应当根据信息系统在国家安全、经济建设、社会生活中的重要程度，信息系统遭到破坏后对国家安全、社会秩序、公共利益以及公民、法人和其他组织的合法权益的危害程度等因素确定。

第七条　信息系统的安全保护等级分为以下五级：

第一级，信息系统受到破坏后，会对公民、法人和其他组织的合法权益造成损害，但不损害国家安全、社会秩序和公共利益。

第二级，信息系统受到破坏后，会对公民、法人和其他组织的合法权益产生严重损害，或者对社会秩序和公共利益造成损害，但不损害国家安全。

第三级，信息系统受到破坏后，会对社会秩序和公共利益造成严重损害，或者对国家安全造成损害。

第四级，信息系统受到破坏后，会对社会秩序和公共利益造成特别严重损害，或者对国家安全造成严重损害。

第五级，信息系统受到破坏后，会对国家安全造成特别严重损害。

第八条　信息系统运营、使用单位依据本办法和相关技术标准对信息系统进行保护，国家有关信息安全监管部门对其信息安全等级保护工作进行监督管理。

第一级信息系统运营、使用单位应当依据国家有关管理规范和技术标准进行保护。

第二级信息系统运营、使用单位应当依据国家有关管理规范和技术标准进行保护。国家信息安全监管部门对该级信息系统信息安全等级保护工作进行指导。

第三级信息系统运营、使用单位应当依据国家有关管理规范和技术标准进行保护。国家信息安全监管部门对该级信息系统信息安全等级保护工作进行监督、检查。

第四级信息系统运营、使用单位应当依据国家有关管理规范、技术标准和业务专门需求进行保护。国家信息安全监管部门对该级信息系统信息安全等级保护工作进行强制监督、检查。

第五级信息系统运营、使用单位应当依据国家管理规范、技术标准和业务特殊安全需求进行保护。国家指定专门部门对该级信息系统信息安全等级保护工作进行专门监督、检查。

第三章　等级保护的实施与管理

第九条　信息系统运营、使用单位应当按照《信息系统安全等级保护实施指南》具体实施等级保护工作。

第十条　信息系统运营、使用单位应当依据本办法和《信息系统安全等级保护定级指南》确定信息系统的安全保护等级。有主管部门的，应当经主管部门审核批准。

跨省或者全国统一联网运行的信息系统可以由主管部门统一确定安全保护等级。

对拟确定为第四级以上信息系统的，运营、使用单位或者主管部门应当请国家信息安全保护等级专家评审委员会评审。

第十一条　信息系统的安全保护等级确定后，运营、使用单位应当按照国家信息安全等级保护管理规范和技术标准，使用符合国家有关规定，满足信息系统安全保护等级需求的信息技术产品，开展信息系统安全建设或者改建工作。

第十二条　在信息系统建设过程中，运营、使用单位应当按照《计算机信息系统安全保护等级划分准则》（GB 17859—1999）、《信息系统安全等级保护基本要求》等技术标准，参照《信息安全技术 信息系统通用安全技术要求》（GB/T 20271—2006）、《信息安全技术 网络基础安全技术要求》（GB/T 20270—2006）、《信息安全技术 操作系统安全技术要求》（GB/T 20272—2006）、《信息安全技术 数据库管理系统安全技术要求》（GB/T 20273—2006）、《信息安全技术 服务器技术要求》、《信息安全技术 终端计算机系统安全等级技术要求》（GA/T 671—2006）等技术标准同步建设符合该等级要求的信息安全设施。

第十三条　运营、使用单位应当参照《信息安全技术 信息系统安全管理要求》（GB/T 20269—2006）、《信息安全技术 信息系统安全工程管理要求》（GB/T 20282—2006）、《信息系统安全等级保护基本要求》等管理规范，制定并落实符合本系统安全保护等级要求的安全管理制度。

第十四条　信息系统建设完成后，运营、使用单位或者其主管部门应当选择符合本办法规定条件的测评机构，依据《信息系统安全等级保护测评要求》等技术标准，定期对信息系统安全等级状况开展等级测评。第三级信息系统应当每年至少进行一次等级测评，第四级信息系统应当每半年至少进行一次等级测评，第五级信息系统应当依据特殊安全需求进行等级测评。

信息系统运营、使用单位及其主管部门应当定期对信息系统安全状况、安全保护制度及措施的落实情况进行自查。第三级信息系统应当每年至少进行一次自查，第四级信息系统应当每半年至少进行一次自查，第五级信息系统应当依据特殊安全需求进行自查。

经测评或者自查，信息系统安全状况未达到安全保护等级要求的，运营、使用单位应当制定方案进行整改。

第十五条　已运营（运行）的第二级以上信息系统，应当在安全保护等级确定后 30 日内，由其运营、使用单位到所在地设区的市级以上公安机关办理备案手续。

新建第二级以上信息系统，应当在投入运行后 30 日内，由其运营、使用单位到所在地设区的市级以上公安机关办理备案手续。

隶属于中央的在京单位，其跨省或者全国统一联网运行并由主管部门统一定级的信息系统，由主管部门向公安部办理备案手续。跨省或者全国统一联网运行的信息系统在各地运行、应用的分支系统，应当向当地设区的市级以上公安机关备案。

第十六条　办理信息系统安全保护等级备案手续时，应当填写《信息系统安全等级保护备案表》，第三级以上信息系统应当同时提供以下材料：（一）系统拓扑结构及说明；（二）系统安全组织机构和管理制度；（三）系统安全保护设施设计实施方案或者改建实施方案；（四）系统使用的信息安全产品清单及其认证、销售许可证明；（五）测评后符合系统安全保护等级的技术检测评估报告；（六）信息系统安全保护等级专家评审意见；（七）主管部门审核批准信息系统安全保护等级的意见。

第十七条　信息系统备案后，公安机关应当对信息系统的备案情况进行审核，对符合等级保护要求的，应当在收到备案材料之日起的 10 个工作日内颁发信息系统安全等级保护备案证明；发现不符合本办法及有关标准的，应当在收到备案材料之日起的 10 个工作日内通知备案单位予以纠正；发现定级不准的，应当在收到备案材料之日起的 10 个工作日内通知备案单位重新审核确定。

运营、使用单位或者主管部门重新确定信息系统等级后，应当按照本办法向公安机关重新备案。

第十八条　受理备案的公安机关应当对第三级、第四级信息系统的运营、使用单位的信息安全等级保护工作情况进行检查。对第三级信息系统每年至少检查一次，对第四级信息系统每半年至少检查一次。对跨省或者全国统一联网运行的信息系统的检查，应当会同其主管部门进行。

对第五级信息系统，应当由国家指定的专门部门进行检查。

公安机关、国家指定的专门部门应当对下列事项进行检查：（一）信息系统安全需求是否发生变化，原定保护等级是否准确；（二）运营、使用单位安全管理制度、措施的落实情况；（三）运营、使用单位及其主管部门对信息系统安全状况的检查情况；（四）系统安全等级测评是否符合要求；（五）信息安全产品使用是否符合要求；（六）信息系统安全整改情况；（七）备案材料与运营、使用单位、信息系统的符合情况；（八）其他应当进行监督检查的事项。

第十九条　信息系统运营、使用单位应当接受公安机关、国家指定的专门部门的安全监督、检查、指导，如实向公安机关、国家指定的专门部门提供下列有关信息安全保护的信息资料及数据文件：（一）信息系统备案事项变更情况；（二）安全组织、人员的变动情况；（三）信息安全管理制度、措施变更情况；（四）信息系统运行状况记录；（五）运营、使用单位及主管部门定期对信息系统安全状况的检查记录；（六）对信息系统开展等级测评的技术测评报告；（七）信息安全产品使用的变更情况；（八）信息安全事件应急预案，信息安全事件应急处置结果报告；（九）信息系统安全建设、整改结果报告。

第二十条　公安机关检查发现信息系统安全保护状况不符合信息安全等级保护有关管理规范和技术标准的，应当向运营、使用单位发出整改通知。运营、使用单位应当根据整改通知要求，按照管理规范和技术标准进行整改。整改完成后，应当将整改报告向公安机关备案。必要时，公安机关可以对整改情况组织检查。

第二十一条　第三级以上信息系统应当选择使用符合以下条件的信息安全产品：（一）产品研制、生产单位是由中国公民、法人投资或者国家投资或者控股的，在中华人民共和国境内具有独立的法人资格；（二）产品的核心技术、关键部件具有我国自主知识产权；（三）产品研制、生产单位及其主要业务、技术人员无犯罪记录；（四）产品研制、生产单位声明没有故意留有或者设置漏洞、后门、木马等程序和功能；（五）对国家安全、社会秩序、公共利益不构成危害；（六）对已列入信息安全产品认证目录的，应当取得国家信息安全产品认证机构颁发的认证证书。

第二十二条　第三级以上信息系统应当选择符合下列条件的等级保护测评机构进行测评：（一）在中华人民共和国境内注册成立（港澳台地区除外）；（二）由中国公民投资、中国法人投资或者国家投资的企事业单位（港澳台地区除外）；（三）从事相关检测评估工作两年以上，无违法记录；（四）工作人员仅限于中国公民；（五）法人及主要业务、技术人员无犯罪记录；（六）使用的技术装备、设施应当符合本办法对信息安全产品的要求；（七）具有完备的保密管理、项目管理、质量管理、人员管理和培训教育等安全管理制度；（八）对国家安全、社会秩序、公共利益不构成威胁。

第二十三条　从事信息系统安全等级测评的机构，应当履行下列义务：（一）遵守国家有关法律法规和技术标准，提供安全、客观、公正的检测评估服务，保证测评的质量和效果；（二）保守在测评活动中知悉的国家秘密、商业秘密和个人隐私，防范测评风险；（三）对测评人员进行安全保密教育，与其签订安全保密责任书，规定应当履行的安全保密义务和承担的法律责任，并负责检查落实。

第四章　涉及国家秘密信息系统的分级保护管理

第二十四条　涉密信息系统应当依据国家信息安全等级保护的基本要求，按照国家保密工作部门有关涉密信息系统分级保护的管理规定和技术标准，结合系统实际情况进行保护。非涉密信息系统不得处理国家秘密信息。

第二十五条　涉密信息系统按照所处理信息的最高密级，由低到高分为秘密、机密、绝密三个等级。

涉密信息系统建设使用单位应当在信息规范定密的基础上，依据涉密信息系统分级保护管理办法和国家保密标准 BMB17—2006《涉及国家秘密的计算机信息系统分级保护技术要求》确定系统等级。对于包含多个安全域的涉密信息系统，各安全域可以分别确定保护等级。

保密工作部门和机构应当监督指导涉密信息系统建设使用单位准确、合理地进行系统定级。

第二十六条　涉密信息系统建设使用单位应当将涉密信息系统定级和建设使用情况，及时上报业务主管部门的保密工作机构和负责系统审批的保密工作部门备案，并接受保密部门的监督、检查、指导。

第二十七条　涉密信息系统建设使用单位应当选择具有涉密集成资质的单位承担或者参与涉密信息系统的设计与实施。

涉密信息系统建设使用单位应当依据涉密信息系统分级保护管理规范和技术标准，按照秘密、机密、绝密三级的不同要求，结合系统实际进行方案设计，实施分级保护，其保护水平总体上不低于国家信息安全等级保护第三级、第四级、第五级的水平。

第二十八条　涉密信息系统使用的信息安全保密产品原则上应当选用国产品，并应当通过国家保密局授权的检测机构依据有关国家保密标准进行的检测，通过检测的产品由国家保密局审核发布目录。

第二十九条　涉密信息系统建设使用单位在系统工程实施结束后，应当向保密工作部门提出申请，由国家保密局授权的系统测评机构依据国家保密标准 BMB22—2007《涉及国家秘密的计算机信息系统分级保护测评指南》，对涉密信息系统进行安全保密测评。

涉密信息系统建设使用单位在系统投入使用前，应当按照《涉及国家秘密的信息系统审批管理规定》，向设区的市级以上保密工作部门申请进行系统审批，涉密信息系统通过审批后方可投入使用。已投入使用的涉密信息系统，其建设使用单位在按照分级保护要求完成系统整改后，应当向保密工作部门备案。

第三十条　涉密信息系统建设使用单位在申请系统审批或者备案时，应当提交以下材料：（一）系统设计、实施方案及审查论证意见；（二）系统承建单位资质证明材料；（三）系统建设和工程监理情况报告；（四）系统安全保密检测评估报告；（五）系统安全保密组织机构和管理制度情况；（六）其他有关材料。

第三十一条　涉密信息系统发生涉密等级、连接范围、环境设施、主要应用、安全保密管理责任单位变更时，其建设使用单位应当及时向负责审批的保密工作部门报告。保密工作部门应当根据实际情况，决定是否对其重新进行测评和审批。

第三十二条　涉密信息系统建设使用单位应当依据国家保密标准 BMB20—2007《涉及国家秘密的信息系统分级保护管理规范》，加强涉密信息系统运行中的保密管理，定期进行风险评估，消除泄密隐患和漏洞。

第三十三条　国家和地方各级保密工作部门依法对各地区、各部门涉密信息系统分级保护工作实施监督管理，并做好以下工作：（一）指导、监督和检查分级保护工作的开展；（二）指导涉密信息系统建设使用单位规范信息定密，合理确定系统保护等级；（三）参与涉密信息系统分级保护方案论证，指导建设使用单位做好保密设施的同步规划设计；（四）

依法对涉密信息系统集成资质单位进行监督管理；（五）严格进行系统测评和审批工作，监督检查涉密信息系统建设使用单位分级保护管理制度和技术措施的落实情况；（六）加强涉密信息系统运行中的保密监督检查。对秘密级、机密级信息系统每两年至少进行一次保密检查或者系统测评，对绝密级信息系统每年至少进行一次保密检查或者系统测评；（七）了解掌握各级各类涉密信息系统的管理使用情况，及时发现和查处各种违规违法行为和泄密事件。

第五章　信息安全等级保护的密码管理

第三十四条　国家密码管理部门对信息安全等级保护的密码实行分类分级管理。根据被保护对象在国家安全、社会稳定、经济建设中的作用和重要程度，被保护对象的安全防护要求和涉密程度，被保护对象被破坏后的危害程度以及密码使用部门的性质等，确定密码的等级保护准则。

信息系统运营、使用单位采用密码进行等级保护的，应当遵照《信息安全等级保护密码管理办法》、《信息安全等级保护商用密码技术要求》等密码管理规定和相关标准。

第三十五条　信息系统安全等级保护中密码的配备、使用和管理等，应当严格执行国家密码管理的有关规定。

第三十六条　信息系统运营、使用单位应当充分运用密码技术对信息系统进行保护。采用密码对涉及国家秘密的信息和信息系统进行保护的，应报经国家密码管理局审批，密码的设计、实施、使用、运行维护和日常管理等，应当按照国家密码管理有关规定和相关标准执行；采用密码对不涉及国家秘密的信息和信息系统进行保护的，须遵守《商用密码管理条例》和密码分类分级保护有关规定与相关标准，其密码的配备使用情况应当向国家密码管理机构备案。

第三十七条　运用密码技术对信息系统进行系统等级保护建设和整改的，必须采用经国家密码管理部门批准使用或者准于销售的密码产品进行安全保护，不得采用国外引进或者擅自研制的密码产品；未经批准不得采用含有加密功能的进口信息技术产品。

第三十八条　信息系统中的密码及密码设备的测评工作由国家密码管理局认可的测评机构承担，其他任何部门、单位和个人不得对密码进行评测和监控。

第三十九条　各级密码管理部门可以定期或者不定期对信息系统等级保护工作中密码配备、使用和管理的情况进行检查和测评，对重要涉密信息系统的密码配备、使用和管理情况每两年至少进行一次检查和测评。在监督检查过程中，发现存在安全隐患或者违反密码管理相关规定或者未达到密码相关标准要求的，应当按照国家密码管理的相关规定进行处置。

第六章　法律责任

第四十条　第三级以上信息系统运营、使用单位违反本办法规定，有下列行为之一的，由公安机关、国家保密工作部门和国家密码工作管理部门按照职责分工责令其限期改正；逾期不改正的，给予警告，并向其上级主管部门通报情况，建议对其直接负责的主管人员和其他直接责任人员予以处理，并及时反馈处理结果：（一）未按本办法规定备案、审批的；（二）未按本办法规定落实安全管理制度、措施的；（三）未按本办法规定开展系统安全状况检查的；（四）未按本办法规定开展系统安全技术测评的；（五）接到整改通知后，拒不整改的；（六）未按本办法规定选择使用信息安全产品和测评机构的；（七）未按本办法规定如实提供有关文件和证明材料的；（八）违反保密管理规定的；（九）违反密码管理规定的；（十）违反本办法其他规定的。

违反前款规定，造成严重损害的，由相关部门依照有关法律、法规予以处理。

第四十一条　信息安全监管部门及其工作人员在履行监督管理职责中，玩忽职守、滥用职权、徇私舞弊的，依法给予行政处分；构成犯罪的，依法追究刑事责任。

第七章　附　则

第四十二条 已运行信息系统的运营、使用单位自本办法施行之日起 180 日内确定信息系统的安全保护等级；新建信息系统在设计、规划阶段确定安全保护等级。

第四十三条　本办法所称“以上”包含本数（级）。

第四十四条　本办法自发布之日起施行，《信息安全等级保护管理办法（试行）》（公通字［2006］7 号）同时废止。

11.3.3　国家电子政务工程建设项目管理暂行办法

《国家电子政务工程建设项目管理暂行办法》

（发改委令第 55 号，2007 年 8 月 13 日公布，2007 年 9 月 1 日起施行）

第一章　总　则

第一条　为全面加强国家电子政务工程建设项目管理，保证工程建设质量，提高投资效益，根据《国务院关于投资体制改革的决定》及相关规定，制定本办法。

第二条　本办法适用于使用中央财政性资金的国家电子政务工程建设项目（以下简称“电子政务项目”）。

第三条　本办法所称电子政务项目主要是指：国家统一电子政务网络、国家重点业务信息系统、国家基础信息库、国家电子政务网络与信息安全保障体系相关基础设施、国家电子政务标准化体系和电子政务相关支撑体系等建设项目。

电子政务项目建设应以政务信息资源开发利用为主线，以国家统一电子政务网络为依托，以提高应用水平、发挥系统效能为重点，深化电子政务应用，推动应用系统的互联互通、信息共享和业务协同，建设符合中国国情的电子政务体系，提高行政效率，降低行政成本，发挥电子政务对加强经济调节、市场监管和改善社会管理、公共服务的作用。

第四条　本办法所称项目建设单位是指中央政务部门和参与国家电子政务项目建设的地方政务部门。项目建设单位负责提出电子政务项目的申请，组织或参与电子政务项目的设计、建设和运行维护。

第五条　本办法所称项目审批部门是指国家发展改革委。项目审批部门负责国家电子政务建设规划的编制和电子政务项目的审批，会同有关部门对电子政务项目实施监督管理。

第二章　申报和审批管理

第六条　项目建设单位应依据中央和国务院的有关文件规定和国家电子政务建设规划，研究提出电子政务项目的立项申请。

第七条　电子政务项目原则上包括以下审批环节：项目建议书、可行性研究报告、初步设计方案和投资概算。对总投资在 3 000 万元以下及特殊情况的，可简化为审批项目可行性研究报告（代项目建议书）、初步设计方案和投资概算。

第八条　项目建设单位应按照《国家电子政务工程建设项目项目建议书编制要求》（附件一）的规定，组织编制项目建议书，报送项目审批部门。项目审批部门在征求相关部门意见，并委托有资格的咨询机构评估后审核批复，或报国务院审批后下达批复。项目建设单位在编制项目建议书阶段应专门组织项目需求分析，形成需求分析报告送项目审批部门组织专家提出咨询意见，作为编制项目建议书的参考。

第九条　项目建设单位应依据项目建议书批复，按照《国家电子政务工程建设项目可行性研究报告编制要求》（附件二）的规定，招标选定或委托具有相关专业甲级资质的工程咨询机构编制项目可行性研究报告，报送项目审批部门。项目审批部门委托有资格的咨询机构评估后审核批复，或报国务院审批后下达批复。

第十条　项目建设单位应依据项目审批部门对可行性研究报告的批复，按照《国家电子政务工程建设项目初步设计方案和投资概算报告编制要求》（附件三）的规定，招标选定或委托具有相关专业甲级资质的设计单位编制初步设计方案和投资概算报告，报送项目审批部门。项目审批部门委托专门评审机构评审后审核批复。

第十一条　中央和地方政务部门共建的电子政务项目，由中央政务部门牵头组织地方政务部门共同编制项目建议书，涉及地方的建设内容及投资规摸，应征求地方发展改革部门的意见。项目审批部门整体批复项目建议书后，其项目可行性研究报告、初步设计方案和投资概算，由中央和地方政务部门分别编制，并报同级发展改革部门审批。地方发展改革部门应按照项目建议书批复要求审批地方政务部门提交的可行性研究报告，并事先征求中央政务部门的意见。地方发展改革部门在可行性研究报告、初步设计方案和投资概算审批方面有专门规定的，可参照地方规定执行。

第十二条　中央和地方共建的需要申请中央财政性资金补助的地方电子政务项目，应按照《中央预算内投资补助和贴息项目管理暂行办法》（国家发展和改革委员会令第 31 号）的规定，由地方政务部门组织编制资金申请报告，经地方发展改革部门审查并报项目审批部门审批。补助资金可根据项目建设进度一次或分次下达。

第十三条　项目审批部门对电子政务项目的项目建议书、可行性研究报告、初步设计方案和投资概算的批复文件是项目建设的主要依据。批复中核定的建设内容、规模、标准、总投资概算和其他控制指标原则上应严格遵守。

项目可行性研究报告的编制内容与项目建议书批复内容有重大变更的，应重新报批项目建议书。项目初步设计方案和投资概算报告的编制内容与项目可行性研究报告批复内容有重大变更或变更投资超出已批复总投资额度百分之十的，应重新报批可行性研究报告。项目初步设计方案和投资概算报告的编制内容与项目可行性研究报告批复内容有少量调整且其调整内容未超出已批复总投资额度百分之十的，需在提交项目初步设计方案和投资概算报告时以独立章节对调整部分进行定量补充说明。

第三章　建设管理

第十四条　项目建设单位应建立健全责任制，并严格执行招标投标、政府采购、工程监理、合同管理等制度。

第十五条　项目建设单位应确定项目实施机构和项目责任人，并建立健全项目管理制度。项目责任人应向项目审批部门报告项目建设过程中的设计变更、建设进度、概算控制等情况。项目建设单位主管领导应对项目建设进度、质量、资金管理及运行管理等负总责。

第十六条　电子政务项目采购货物、工程和服务应按照《中华人民共和国招标投标法》和《中华人民共和国政府采购法》的有关规定执行，并遵从优先采购本国货物、工程和服务的原则。

第十七条　项目建设单位应依法并依据可行性研究报告审批时核准的招标内容和招标方式组织招标采购，确定具有相应资质和能力的中标单位。项目建设单位与中标单位订立合同，并严格履行合同。

第十八条　电子政务项目实行工程监理制。项目建设单位应按照信息系统工程监理的有关规定，委托具有信息系统工程相应监理资质的工程监理单位，对项目建设进行工程监理。

第十九条　项目建设单位应于每年七月底和次年一月底前，向项目审批部门、财政部门报告项目上半年和全年建设进度和概预算执行情况。

第二十条　项目建设单位必须严格按照项目审批部门批复的初步设计方案和投资概算实施项目建设。如有特殊情况，主要建设内容或投资概算确需调整的，必须事先向项目审批部门提交调整报告，履行报批手续。对未经批准擅自进行重大设计变更而导致超概算的，项目审批部门不再受理事后调概申请。

第二十一条　项目建设过程中出现工程严重逾期、投资重大损失等问题，项目建设单位应及时向项目审批部门报告，项目审批部门依照有关规定可要求项目建设单位进行整改和暂停项目建设。

第四章　资金管理

第二十二条　项目建设单位在可行性研究报告批复后，可申请项目前期工作经费。项目前期工作经费主要用于开展应用需求分析、项目建议书、可行性研究、初步设计方案和投资概算的编制、专家咨询评审等工作。项目审批部门根据项目实际情况批准下达前期工作经费，前期工作经费计入项目总投资。

第二十三条　项目建设单位应在初步设计方案和投资概算获得批复及具备开工建设条件后，根据项目实施进度向项目审批部门提出年度资金使用计划申请，项目审批部门将其作为下达年度中央投资计划的依据。

初步设计方案和投资概算未获批复前，原则上不予下达项目建设资金。对确需提前安排资金的电子政务项目（如用于购地、购房、拆迁等），项目建设单位可在项目可行性研究报告批复后，向项目审批部门提出资金使用申请，说明要提前安排资金的原因及理由，经项目审批部门批准后，下达项目建设资金。

第二十四条 项目建设单位应严格按照财政管理的有关规定使用财政资金，专账管理、专款专用。

第五章 监督管理

第二十五条 项目建设单位应接受项目审批部门及有关部门的监督管理。

第二十六条 项目审批部门负责对电子政务项目进行稽察，主要监督检查在项目建设过程中，项目建设单位执行有关法律、法规和政策的情况，以及项目招标投标、工程质量、进度、资金使用和概算控制等情况。对稽察过程中发现有违反国家有关规定及批复要求的，项目审批部门可要求项目建设单位限期整改或遵照有关规定进行处理。对拒不整改或整改后仍不符合要求的，项目审批部门可对其进行通报批评、暂缓拨付建设资金、暂停项目建设、直至终止项目。

第二十七条 有关部门依法对电子政务项目建设中的采购情况、资金使用情况，以及是否符合国家有关规定等实施监督管理。

第二十八条 项目建设单位及相关部门应当协助稽察、审计等监督管理工作，如实提供建设项目有关的资料和情况，不得拒绝、隐匿、瞒报。

第六章 验收评价管理

第二十九条 电子政务项目建设实行验收和后评价制度。

第三十条 电子政务项目应遵循《国家电子政务工程建设项目验收工作大纲》（附件四，以下简称《验收工作大纲》）的相关规定开展验收工作。项目验收包括初步验收和竣工验收两个阶段。初步验收由项目建设单位按照《验收工作大纲》要求自行组织；竣工验收由项目审批部门或其组织成立的电子政务项目竣工验收委员会组织；对建设规模较小或建设内容较简单的电子政务项目，项目审批部门可委托项目建设单位组织验收。

第三十一条 项目建设单位应在完成项目建设任务后的半年内，组织完成建设项目的信息安全风险评估和初步验收工作。初步验收合格后，项目建设单位应向项目审批部门提交竣工验收申请报告，并将项目建设总结、初步验收报告、财务报告、审计报告和信息安全风险评估报告等文件作为附件一并上报。项目审批部门应适时组织竣工验收。项目建设单位未按期提出竣工验收申请的，应向项目审批部门提出延期验收申请。

第三十二条　项目审批部门根据电子政务项目验收后的运行情况，可适时组织专家或委托相关机构对建设项目的系统运行效率、使用效果等情况进行后评价。后评价认为建设项目未实现批复的建设目标或未达到预期效果的，项目建设单位要限期整改；对拒不整改或整改后仍不符合要求的，项目审批部门可对其进行通报批评。

第七章　运行管理

第三十三条　电子政务项目建成后的运行管理实行项目建设单位负责制。项目建设单位应确立项目运行机构，制定和完善相应的管理制度，加强日常运行和维护管理，落实运行维护费用。鼓励专业服务机构参与电子政务项目的运行和维护。

第三十四条　项目建设单位或其委托的专业机构应按照风险评估的相关规定，对建成项目进行信息安全风险评估，检验其网络和信息系统对安全环境变化的适应性及安全措施的有效性，保障信息安全目标的实现。

第八章　法律责任

第三十五条　相关部门、单位或个人违反国家有关规定，截留、挪用电子政务项目资金等，由有关部门按照《财政违法行为处罚处分条例》等相关规定予以惩处；构成犯罪的，移交有关部门依法追究刑事责任。

第三十六条　对违反本办法其他规定的或因管理不善、弄虚作假，造成严重超概算、质量低劣、损失浪费、安全事故或者其他责任事故的，项目审批部门可予以通报批评，并提请有关部门对负有直接责任的主管人员和其他责任人员依法给予处分；构成犯罪的，移交有关部门依法追究刑事责任。

第九章　附　则

第三十七条　本办法由国家发展和改革委员会负责解释。

第三十八条　本办法自二〇〇七年九月一日起施行。

附件一：

国家电子政务工程建设项目项目建议书编制要求（提纲）

第一章　项目简介

1. 项目名称
2. 项目建设单位和负责人、项目责任人
3. 项目建议书编制依据

4. 项目概况
5. 主要结论和建议

第二章　项目建设单位概况

1. 项目建设单位与职能
2. 项目实施机构与职责

第三章　项目建设的必要性

1. 项目提出的背景和依据
2. 现有信息系统装备和信息化应用状况
3. 信息系统装备和应用目前存在的主要问题和差距
4. 项目建设的意义和必要性

第四章　需求分析

1. 与政务职能相关的社会问题和政务目标分析
2. 业务功能、业务流程和业务量分析
3. 信息量分析与预测
4. 系统功能和性能需求分析

第五章　总体建设方案

1. 建设原则和策略
2. 总体目标与分期目标
3. 总体建设任务与分期建设内容
4. 总体设计方案

第六章　本期项目建设方案

1. 建设目标与主要建设内容
2. 标准规范建设
3. 信息资源规划和数据库建设
4. 应用支撑平台和应用系统建设
5. 网络系统建设
6. 数据处理和存储系统建设
7. 安全系统建设
8. 其它（终端、备份、运维等）系统建设

9. 主要软硬件选型原则和软硬件配置清单

10. 机房及配套工程建设

第七章　环保、消防、职业安全、职业卫生和节能

1. 环境影响和环保措施

2. 消防措施

3. 职业安全和卫生措施

4. 节能目标及措施

第八章　项目组织机构和人员

1. 项目领导、实施和运维机构及组织管理

2. 人员配置

3. 人员培训需求和计划

第九章　项目实施进度

第十章　投资估算和资金筹措

1. 投资估算的有关说明

2. 项目总投资估算

3. 资金来源与落实情况

4. 中央对地方的资金补贴方案

第十一章　效益与风险分析

1. 项目的经济效益和社会效益分析

2. 项目风险与风险对策

附表：

1. 项目软硬件配置清单

2. 应用系统定制开发工作量初步核算表

3. 项目总投资估算表

4. 项目资金来源表

附件：

项目建议书编制依据及与项目有关的政策、技术、经济资料。

附件二：

国家电子政务工程建设项目可行性研究报告编制要求（提纲）

第一章　项目概述

1. 项目名称
2. 项目建设单位及负责人、项目责任人
3. 可行性研究报告编制单位
4. 可行性研究报告编制依据
5. 项目建设目标、规模、内容、建设期
6. 项目总投资及资金来源
7. 经济与社会效益
8. 相对项目建议书批复的调整情况
9. 主要结论与建议

第二章　项目建设单位概况

1. 项目建设单位与职能
2. 项目实施机构与职责

第三章　需求分析和项目建设的必要性

1. 与政务职能相关的社会问题和政务目标分析
2. 业务功能、业务流程和业务量分析
3. 信息量分析与预测
4. 系统功能和性能需求分析
5. 信息系统装备和应用现状与差距
6. 项目建设的必要性

第四章　总体建设方案

1. 建设原则和策略
2. 总体目标与分期目标
3. 总体建设任务与分期建设内容
4. 总体设计方案

第五章　本期项目建设方案

1. 建设目标、规模与内容

2. 标准规范建设内容

3. 信息资源规划和数据库建设方案

4. 应用支撑平台和应用系统建设方案

5. 数据处理和存储系统建设方案

6. 终端系统建设方案

7. 网络系统建设方案

8. 安全系统建设方案

9. 备份系统建设方案

10. 运行维护系统建设方案

11. 其它系统建设方案

12. 主要软硬件选型原则和详细软硬件配置清单

13. 机房及配套工程建设方案

14. 建设方案相对项目建议书批复变更调整情况的详细说明

第六章　项目招标方案

1. 招标范围

2. 招标方式

3. 招标组织形式

第七章　环保、消防、职业安全和卫生

1. 环境影响分析

2. 环保措施及方案

3. 消防措施

4. 职业安全和卫生措施

第八章　节能分析

1. 用能标准及节能设计规范

2. 项目能源消耗种类和数量分析

3. 项目所在地能源供应状况分析

4. 能耗指标

5. 节能措施和节能效果分析等内容

第九章　项目组织机构和人员培训

1. 领导和管理机构
2. 项目实施机构
3. 运行维护机构
4. 技术力量和人员配置
5. 人员培训方案

第十章　项目实施进度

1. 项目建设期
2. 实施进度计划

第十一章　投资估算和资金来源

1. 投资估算的有关说明
2. 项目总投资估算
3. 资金来源与落实情况
4. 资金使用计划
5. 项目运行维护经费估算

第十二章　效益与评价指标分析

1. 经济效益分析
2. 社会效益分析
3. 项目评价指标分析

第十三章　项目风险与风险管理

1. 风险识别和分析
2. 风险对策和管理

附表：

1. 项目软硬件配置清单
2. 应用系统定制开发工作量核算表
3. 项目招投标范围和方式表
4. 项目总投资估算表
5. 项目资金来源和运用表
6. 项目运行维护费估算表

附件：

可研报告编制依据，有关的政策、技术、经济资料。

附件三：

国家电子政务工程建设项目初步设计方案和投资概算编制要求（提纲）

第一章　项目概述

1. 项目名称
2. 项目建设单位及负责人，项目责任人
3. 初设及概算编制单位
4. 初设及概算编制依据
5. 建设目标、规模、内容、建设期
6. 总投资及资金来源
7. 效益及风险
8. 相对可研报告批复的调整情况
9. 主要结论与建议

第二章　项目建设单位概况

1. 项目建设单位与职能
2. 项目实施机构与职责

第三章　需求分析

1. 政务业务目标需求分析结论
2. 系统功能指标
3. 信息量指标
4. 系统性能指标

第四章　总体建设方案

1. 总体设计原则
2. 总体目标与分期目标
3. 总体建设任务与分期建设内容
4. 系统总体结构和逻辑结构

第五章　本期项目设计方案

1. 建设目标、规模与内容
2. 标准规范建设内容
3. 信息资源规划和数据库设计
4. 应用支撑系统设计
5. 应用系统设计
6. 数据处理和存储系统设计
7. 终端系统及接口设计
8. 网络系统设计
9. 安全系统设计
10. 备份系统设计
11. 运行维护系统设计
12. 其它系统设计
13. 系统配置及软硬件选型原则
14. 系统软硬件配置清单
15. 系统软硬件物理部署方案
16. 机房及配套工程设计
17. 环保、消防、职业安全卫生和节能措施的设计
18. 初步设计方案相对可研报告批复变更调整情况的详细说明

第六章　项目建设与运行管理

1. 领导和管理机构
2. 项目实施机构
3. 运行维护机构
4. 核准的项目招标方案
5. 项目进度、质量、资金管理方案
6. 相关管理制度

第七章　人员配置与培训

1. 人员配置计划
2. 人员培训方案

第八章　项目实施进度

第九章　初步设计概算

1. 初步设计方案和投资概算编制说明

2. 初步设计投资概算书

3. 资金筹措及投资计划

第十章　风险及效益分析

1. 风险分析及对策

2. 效益分析

附表：

1. 项目软硬件配置清单

2. 应用系统定制开发工作量核算表

附件：

初步设计和投资概算编制依据，有关的政策、技术、经济资料。

附图：

1. 系统网络拓扑图

2. 系统软硬件物理布置图

附件四：

国家电子政务工程建设项目验收大纲（提纲）

一、验收时限

电子政务项目建设完成半年内，项目建设单位应完成初步验收工作，并向项目审批部门提交竣工验收的申请报告。

因特殊原因不能按时提交竣工验收申请报告的，项目建设单位应向项目审批部门提出延期验收申请。经项目审批部门批准，可以适当延期进行竣工验收。

二、验收任务

（一）审查项目的建设目标、规模、内容、质量及资金使用等情况。

（二）审核项目形成的资产情况。

（三）评价项目交付使用情况。

（四）检查项目建设单位执行国家法律、法规情况。

三、验收依据

（一）国家有关法律、法规，以及国家关于信息系统和电子政务建设项目的相关标准。

（二）经批准的建设项目项目建议书报告及批复文件。

（三）经批准的建设项目可行性研究报告及批复文件。

（四）经批准的建设项目初步设计和投资概算报告及批复文件。

（五）建设项目的合同文件、施工图、设备和软件技术说明书。

四、验收条件

（一）建设项目确定的网络、应用、安全等主体工程和辅助设施，已按照设计建成，能满足系统运行的需要。

（二）建设项目确定的网络、应用、安全等主体工程和配套设施，经测试和试运行合格。

（三）建设项目涉及的系统运行环境的保护、安全、消防等设施已按照设计与主体工程同时建成并经试运行合格。

（四）建设项目投入使用的各项准备工作已经完成，能适应项目正常运行的需要。

（五）完成预算执行情况报告和初步的财务决算。

（六）档案文件整理齐全。

五、验收组织

建设项目竣工验收一般分为初步验收和竣工验收两个阶段。

（一）建设项目的初步验收，由项目建设单位按照本大纲规定组织，并提出初步验收报告。

（二）建设项目的竣工验收一般由项目审批部门或其组织成立的电子政务项目竣工验收委员会组织；建设规模较小或建设内容较简单的建设项目，项目审批部门可委托项目建设单位组织验收。

六、初步验收

（一）项目建设单位依据合同组织单项验收，形成单项或专项验收报告。

（二）项目建设单位或相关单位组织信息安全风险评估，提出信息安全风险评估报告。

（三）项目建设单位对项目的工程、技术、财务和档案等进行验收，形成初步验收报告。

（四）项目建设单位向项目审批单位提交竣工验收申请报告。

七、竣工验收

（一）组织竣工验收的单位（机构）组建竣工验收委员会，下设专家组。

（二）专家组负责开展竣工验收的先期基础性工作，重点检查项目建设、设计、监理、施工、招标采购、档案资料、预（概）算执行和财务决算等情况，提出评价意见和建议。

（三）竣工验收委员会基于专家组评价意见提出竣工验收报告。

11.3.4　互联网域名管理办法

《互联网域名管理办法》

（中华人民共和国工业和信息化部令第 43 号，2017 年 8 月 16 日工业和信息化部第 32 次部务会议审议通过，自 2017 年 11 月 1 日起施行。原信息产业部 2004 年 11 月 5 日公布的《中国互联网络域名管理办法》（原信息产业部令第 30 号）同时废止。）

第一章　总　则

第一条　为了规范互联网域名服务，保护用户合法权益，保障互联网域名系统安全、可靠运行，推动中文域名和国家顶级域名发展和应用，促进中国互联网健康发展，根据《中华人民共和国行政许可法》《国务院对确需保留的行政审批项目设定行政许可的决定》等规定，参照国际上互联网域名管理准则，制定本办法。

第二条　在中华人民共和国境内从事互联网域名服务及其运行维护、监督管理等相关活动，应当遵守本办法。

本办法所称互联网域名服务（以下简称域名服务），是指从事域名根服务器运行和管理、顶级域名运行和管理、域名注册、域名解析等活动。

第三条　工业和信息化部对全国的域名服务实施监督管理，主要职责是：

（一）制定互联网域名管理规章及政策；

（二）制定中国互联网域名体系、域名资源发展规划；

（三）管理境内的域名根服务器运行机构和域名注册管理机构；

（四）负责域名体系的网络与信息安全管理；

（五）依法保护用户个人信息和合法权益；

（六）负责与域名有关的国际协调；

（七）管理境内的域名解析服务；

（八）管理其他与域名服务相关的活动。

第四条　各省、自治区、直辖市通信管理局对本行政区域内的域名服务实施监督管理，主要职责是：

（一）贯彻执行域名管理法律、行政法规、规章和政策；

（二）管理本行政区域内的域名注册服务机构；

（三）协助工业和信息化部对本行政区域内的域名根服务器运行机构和域名注册管理机构进行管理；

（四）负责本行政区域内域名系统的网络与信息安全管理；

（五）依法保护用户个人信息和合法权益；

（六）管理本行政区域内的域名解析服务；

（七）管理本行政区域内其他与域名服务相关的活动。

第五条　中国互联网域名体系由工业和信息化部予以公告。根据域名发展的实际情况，工业和信息化部可以对中国互联网域名体系进行调整。

第六条　“.CN”和“.中国”是中国的国家顶级域名。

中文域名是中国互联网域名体系的重要组成部分。国家鼓励和支持中文域名系统的技术研究和推广应用。

第七条　提供域名服务，应当遵守国家相关法律法规，符合相关技术规范和标准。

第八条　任何组织和个人不得妨碍互联网域名系统的安全和稳定运行。

第二章　域名管理

第九条　在境内设立域名根服务器及域名根服务器运行机构、域名注册管理机构和域名注册服务机构的，应当依据本办法取得工业和信息化部或者省、自治区、直辖市通信管理局（以下统称电信管理机构）的相应许可。

第十条　申请设立域名根服务器及域名根服务器运行机构的，应当具备以下条件：

（一）域名根服务器设置在境内，并且符合互联网发展相关规划及域名系统安全稳定运行要求；

（二）是依法设立的法人，该法人及其主要出资者、主要经营管理人员具有良好的信用记录；

（三）具有保障域名根服务器安全可靠运行的场地、资金、环境、专业人员和技术能力以及符合电信管理机构要求的信息管理系统；

（四）具有健全的网络与信息安全保障措施，包括管理人员、网络与信息安全管理制度、应急处置预案和相关技术、管理措施等；

（五）具有用户个人信息保护能力、提供长期服务的能力及健全的服务退出机制；

（六）法律、行政法规规定的其他条件。

第十一条 申请设立域名注册管理机构的，应当具备以下条件：

（一）域名管理系统设置在境内，并且持有的顶级域名符合相关法律法规及域名系统安全稳定运行要求；

（二）是依法设立的法人，该法人及其主要出资者、主要经营管理人员具有良好的信用记录；

（三）具有完善的业务发展计划和技术方案以及与从事顶级域名运行管理相适应的场地、资金、专业人员以及符合电信管理机构要求的信息管理系统；

（四）具有健全的网络与信息安全保障措施，包括管理人员、网络与信息安全管理制度、应急处置预案和相关技术、管理措施等；

（五）具有进行真实身份信息核验和用户个人信息保护的能力、提供长期服务的能力及健全的服务退出机制；

（六）具有健全的域名注册服务管理制度和对域名注册服务机构的监督机制；

（七）法律、行政法规规定的其他条件。

第十二条 申请设立域名注册服务机构的，应当具备以下条件：

（一）在境内设置域名注册服务系统、注册数据库和相应的域名解析系统；

（二）是依法设立的法人，该法人及其主要出资者、主要经营管理人员具有良好的信用记录；

（三）具有与从事域名注册服务相适应的场地、资金和专业人员以及符合电信管理机构要求的信息管理系统；

（四）具有进行真实身份信息核验和用户个人信息保护的能力、提供长期服务的能力及健全的服务退出机制；

（五）具有健全的域名注册服务管理制度和对域名注册代理机构的监督机制；

（六）具有健全的网络与信息安全保障措施，包括管理人员、网络与信息安全管理制度、应急处置预案和相关技术、管理措施等；

（七）法律、行政法规规定的其他条件。

第十三条 申请设立域名根服务器及域名根服务器运行机构、域名注册管理机构的，应当向工业和信息化部提交申请材料。申请设立域名注册服务机构的，应当向住所地省、自治区、直辖市通信管理局提交申请材料。

申请材料应当包括：

（一）申请单位的基本情况及其法定代表人签署的依法诚信经营承诺书；

（二）对域名服务实施有效管理的证明材料，包括相关系统及场所、服务能力的证明材料、管理制度、与其他机构签订的协议等；

（三）网络与信息安全保障制度及措施；

（四）证明申请单位信誉的材料。

第十四条　申请材料齐全、符合法定形式的，电信管理机构应当向申请单位出具受理申请通知书；申请材料不齐全或者不符合法定形式的，电信管理机构应当场或者在 5 个工作日内一次性书面告知申请单位需要补正的全部内容；不予受理的，应当出具不予受理通知书并说明理由。

第十五条　电信管理机构应当自受理之日起 20 个工作日内完成审查，作出予以许可或者不予许可的决定。20 个工作日内不能作出决定的，经电信管理机构负责人批准，可以延长 10 个工作日，并将延长期限的理由告知申请单位。需要组织专家论证的，论证时间不计入审查期限。

予以许可的，应当颁发相应的许可文件；不予许可的，应当书面通知申请单位并说明理由。

第十六条　域名根服务器运行机构、域名注册管理机构和域名注册服务机构的许可有效期为 5 年。

第十七条　域名根服务器运行机构、域名注册管理机构和域名注册服务机构的名称、住所、法定代表人等信息发生变更的，应当自变更之日起 20 日内向原发证机关办理变更手续。

第十八条　在许可有效期内，域名根服务器运行机构、域名注册管理机构、域名注册服务机构拟终止相关服务的，应当提前 30 日书面通知用户，提出可行的善后处理方案，并向原发证机关提交书面申请。

原发证机关收到申请后，应当向社会公示 30 日。公示期结束 60 日内，原发证机关应当完成审查并做出决定。

第十九条　许可有效期届满需要继续从事域名服务的，应当提前 90 日向原发证机关申请延续；不再继续从事域名服务的，应当提前 90 日向原发证机关报告并做好善后工作。

第二十条　域名注册服务机构委托域名注册代理机构开展市场销售等工作的，应当对域名注册代理机构的工作进行监督和管理。

域名注册代理机构受委托开展市场销售等工作的过程中，应当主动表明代理关系，并在域名注册服务合同中明示相关域名注册服务机构名称及代理关系。

第二十一条　域名注册管理机构、域名注册服务机构应当在境内设立相应的应急备份系统并定期备份域名注册数据。

第二十二条　域名根服务器运行机构、域名注册管理机构、域名注册服务机构应当在其网站首页和经营场所显著位置标明其许可相关信息。域名注册管理机构还应当标明与其合作的域名注册服务机构名单。

域名注册代理机构应当在其网站首页和经营场所显著位置标明其代理的域名注册服务机构名称。

第三章　域名服务

第二十三条　域名根服务器运行机构、域名注册管理机构和域名注册服务机构应当向用户提供安全、方便、稳定的服务。

第二十四条　域名注册管理机构应当根据本办法制定域名注册实施细则并向社会公开。

第二十五条　域名注册管理机构应当通过电信管理机构许可的域名注册服务机构开展域名注册服务。

域名注册服务机构应当按照电信管理机构许可的域名注册服务项目提供服务，不得为未经电信管理机构许可的域名注册管理机构提供域名注册服务。

第二十六条　域名注册服务原则上实行“先申请先注册”，相应域名注册实施细则另有规定的，从其规定。

第二十七条　为维护国家利益和社会公众利益，域名注册管理机构应当建立域名注册保留字制度。

第二十八条　任何组织或者个人注册、使用的域名中，不得含有下列内容：

（一）反对宪法所确定的基本原则的

（二）危害国家安全，泄露国家秘密，颠覆国家政权，破坏国家统一的

（三）损害国家荣誉和利益的

（四）煽动民族仇恨、民族歧视，破坏民族团结的

（五）破坏国家宗教政策，宣扬邪教和封建迷信的

（六）散布谣言，扰乱社会秩序，破坏社会稳定的

（七）散布淫秽、色情、赌博、暴力、凶杀、恐怖或者教唆犯罪的

（八）侮辱或者诽谤他人，侵害他人合法权益的

（九）含有法律、行政法规禁止的其他内容的。

域名注册管理机构、域名注册服务机构不得为含有前款所列内容的域名提供服务。

第二十九条　域名注册服务机构不得采用欺诈、胁迫等不正当手段要求他人注册域名。

第三十条　域名注册服务机构提供域名注册服务，应当要求域名注册申请者提供域名持有者真实、准确、完整的身份信息等域名注册信息。

域名注册管理机构和域名注册服务机构应当对域名注册信息的真实性、完整性进行核验。

域名注册申请者提供的域名注册信息不准确、不完整的，域名注册服务机构应当要求其予以补正。申请者不补正或者提供不真实的域名注册信息的，域名注册服务机构不得为其提供域名注册服务。

第三十一条　域名注册服务机构应当公布域名注册服务的内容、时限、费用，保证服务质量，提供域名注册信息的公共查询服务。

第三十二条　域名注册管理机构、域名注册服务机构应当依法存储、保护用户个人信息。未经用户同意不得将用户个人信息提供给他人，但法律、行政法规另有规定的除外。

第三十三条　域名持有者的联系方式等信息发生变更的，应当在变更后 30 日内向域名注册服务机构办理域名注册信息变更手续。

域名持有者将域名转让给他人的，受让人应当遵守域名注册的相关要求。

第三十四条　域名持有者有权选择、变更域名注册服务机构。变更域名注册服务机构的，原域名注册服务机构应当配合域名持有者转移其域名注册相关信息。

无正当理由的，域名注册服务机构不得阻止域名持有者变更域名注册服务机构。

电信管理机构依法要求停止解析的域名，不得变更域名注册服务机构。

第三十五条　域名注册管理机构和域名注册服务机构应当设立投诉受理机制，并在其网站首页和经营场所显著位置公布投诉受理方式。

域名注册管理机构和域名注册服务机构应当及时处理投诉；不能及时处理的，应当说明理由和处理时限。

第三十六条　提供域名解析服务，应当遵守有关法律、法规、标准，具备相应的技术、服务和网络与信息安全保障能力，落实网络与信息安全保障措施，依法记录并留存域名解析日志、维护日志和变更记录，保障解析服务质量和解析系统安全。涉及经营电信业务的，

应当依法取得电信业务经营许可。

第三十七条　提供域名解析服务，不得擅自篡改解析信息。

任何组织或者个人不得恶意将域名解析指向他人的 IP 地址。

第三十八条　提供域名解析服务，不得为含有本办法第二十八条第一款所列内容的域名提供域名跳转。

第三十九条　从事互联网信息服务的，其使用域名应当符合法律法规和电信管理机构的有关规定，不得将域名用于实施违法行为。

第四十条　域名注册管理机构、域名注册服务机构应当配合国家有关部门依法开展的检查工作，并按照电信管理机构的要求对存在违法行为的域名采取停止解析等处置措施。

域名注册管理机构、域名注册服务机构发现其提供服务的域名发布、传输法律和行政法规禁止发布或者传输的信息的，应当立即采取消除、停止解析等处置措施，防止信息扩散，保存有关记录，并向有关部门报告。

第四十一条　域名根服务器运行机构、域名注册管理机构和域名注册服务机构应当遵守国家相关法律、法规和标准，落实网络与信息安全保障措施，配置必要的网络通信应急设备，建立健全网络与信息安全监测技术手段和应急制度。域名系统出现网络与信息安全事件时，应当在 24 小时内向电信管理机构报告。

因国家安全和处置紧急事件的需要，域名根服务器运行机构、域名注册管理机构和域名注册服务机构应当服从电信管理机构的统一指挥与协调，遵守电信管理机构的管理要求。

第四十二条　任何组织或者个人认为他人注册或者使用的域名侵害其合法权益的，可以向域名争议解决机构申请裁决或者依法向人民法院提起诉讼。

第四十三条　已注册的域名有下列情形之一的，域名注册服务机构应当予以注销，并通知域名持有者：

（一）域名持有者申请注销域名的；

（二）域名持有者提交虚假域名注册信息的；

（三）依据人民法院的判决、域名争议解决机构的裁决，应当注销的；

（四）法律、行政法规规定予以注销的其他情形。

第四章　监督检查

第四十四条　电信管理机构应当加强对域名服务的监督检查。域名根服务器运行机构、域名注册管理机构、域名注册服务机构应当接受、配合电信管理机构的监督检查。

鼓励域名服务行业自律管理，鼓励公众监督域名服务。

第四十五条　域名根服务器运行机构、域名注册管理机构、域名注册服务机构应当按照电信管理机构的要求，定期报送业务开展情况、安全运行情况、网络与信息安全责任落实情况、投诉和争议处理情况等信息。

第四十六条　电信管理机构实施监督检查时，应当对域名根服务器运行机构、域名注册管理机构和域名注册服务机构报送的材料进行审核，并对其执行法律法规和电信管理机构有关规定的情况进行检查。

电信管理机构可以委托第三方专业机构开展有关监督检查活动。

第四十七条　电信管理机构应当建立域名根服务器运行机构、域名注册管理机构和域名注册服务机构的信用记录制度，将其违反本办法并受到行政处罚的行为记入信用档案。

第四十八条　电信管理机构开展监督检查，不得妨碍域名根服务器运行机构、域名注册管理机构和域名注册服务机构正常的经营和服务活动，不得收取任何费用，不得泄露所知悉的域名注册信息。

第五章　罚　则

第四十九条　违反本办法第九条规定，未经许可擅自设立域名根服务器及域名根服务器运行机构、域名注册管理机构、域名注册服务机构的，电信管理机构应当根据《中华人民共和国行政许可法》第八十一条的规定，采取措施予以制止，并视情节轻重，予以警告或者处一万元以上三万元以下罚款。

第五十条　违反本办法规定，域名注册管理机构或者域名注册服务机构有下列行为之一的，由电信管理机构依据职权责令限期改正，并视情节轻重，处一万元以上三万元以下罚款，向社会公告：

（一）为未经许可的域名注册管理机构提供域名注册服务，或者通过未经许可的域名注册服务机构开展域名注册服务的；

（二）未按照许可的域名注册服务项目提供服务的；

（三）未对域名注册信息的真实性、完整性进行核验的；

（四）无正当理由阻止域名持有者变更域名注册服务机构的。

第五十一条　违反本办法规定，提供域名解析服务，有下列行为之一的，由电信管理机构责令限期改正，可以视情节轻重处一万元以上三万元以下罚款，向社会公告：

（一）擅自篡改域名解析信息或者恶意将域名解析指向他人 IP 地址的；

（二）为含有本办法第二十八条第一款所列内容的域名提供域名跳转的；

（三）未落实网络与信息安全保障措施的；

（四）未依法记录并留存域名解析日志、维护日志和变更记录的；

（五）未按照要求对存在违法行为的域名进行处置的。

第五十二条　违反本办法第十七条、第十八条第一款、第二十一条、第二十二条、第二十八条第二款、第二十九条、第三十一条、第三十二条、第三十五条第一款、第四十条第二款、第四十一条规定的，由电信管理机构依据职权责令限期改正，可以并处一万元以上三万元以下罚款，向社会公告。

第五十三条　法律、行政法规对有关违法行为的处罚另有规定的，依照有关法律、行政法规的规定执行。

第五十四条　任何组织或者个人违反本办法第二十八条第一款规定注册、使用域名，构成犯罪的，依法追究刑事责任；尚不构成犯罪的，由有关部门依法予以处罚。

第六章　附　则

第五十五条　本办法下列用语的含义是：

（一）域名：指互联网上识别和定位计算机的层次结构式的字符标识，与该计算机的 IP 地址相对应。

（二）中文域名：指含有中文文字的域名。

（三）顶级域名：指域名体系中根节点下的第一级域的名称。

（四）域名根服务器：指承担域名体系中根节点功能的服务器（含镜像服务器）。

（五）域名根服务器运行机构：指依法获得许可并承担域名根服务器运行、维护和管理工作的机构。

（六）域名注册管理机构：指依法获得许可并承担顶级域名运行和管理工作的机构。

（七）域名注册服务机构：指依法获得许可、受理域名注册申请并完成域名在顶级域名数据库中注册的机构。

（八）域名注册代理机构：指受域名注册服务机构的委托，受理域名注册申请，间接完成域名在顶级域名数据库中注册的机构。

（九）域名管理系统：指域名注册管理机构在境内开展顶级域名运行和管理所需的主要信息系统，包括注册管理系统、注册数据库、域名解析系统、域名信息查询系统、身份信息核验系统等。

（十）域名跳转：指对某一域名的访问跳转至该域名绑定或者指向的其他域名、IP 地址或者网络信息服务等。

第五十六条　本办法中规定的日期，除明确为工作日的以外，均为自然日。

第五十七条　在本办法施行前未取得相应许可开展域名服务的，应当自本办法施行之日起十二个月内，按照本办法规定办理许可手续。

在本办法施行前已取得许可的域名根服务器运行机构、域名注册管理机构和域名注册服务机构，其许可有效期适用本办法第十六条的规定，有效期自本办法施行之日起计算。

第五十八条　本办法自 2017 年 11 月 1 日起施行。2004 年 11 月 5 日公布的《中国互联网络域名管理办法》（原信息产业部令第 30 号）同时废止。本办法施行前公布的有关规定与本办法不一致的，按照本办法执行。

11.4　政策文件

11.4.1　风险评估相关政策

1.《关于开展信息安全风险评估工作的意见》

《关于开展信息安全风险评估工作的意见》

（国家网络与信息安全协调小组 2006 年 1 月 5 日发布，国信办〔2006〕5 号）

随着国民经济和社会信息化进程的加快，网络与信息系统的基础性、全局性作用日益增强，国民经济和社会发展对网络和信息系统的依赖性也越来越大。网络与信息系统自身存在的缺陷、脆弱性以及面临的威胁，使信息系统的运行客观上存在着潜在风险。《国家信息化领导小组关于加强信息安全保障工作的意见》（中办发〔2003〕27 号）明确提出“要重视信息安全风险评估工作，对网络与信息系统安全的潜在威胁、薄弱环节、防护措施等进行分析评估，综合考虑网络与信息系统的重要性、涉密程度和面临的信息安全风险等因素，进行相应等级的安全建设和管理”，将开展信息安全风险评估工作作为提高我国信息安全保障水平的一项重要举措。

为推动我国信息安全风险评估工作，现提出以下意见。

一、信息安全风险评估工作的基本内容和原则

信息安全风险评估就是从风险管理角度，运用科学的方法和手段，系统地分析网络与信息系统所面临的威胁及其存在的脆弱性，评估安全事件一旦发生可能造成的危害程度，提出有针对性的抵御威胁的防护对策和整改措施。并为防范和化解信息安全风险，或者将风险控制在可接受的水平，从而最大限度地保障网络和信息安全提供科学依据。

信息安全风险评估分为自评估、检查评估两种形式。自评估是指网络与信息系统拥有、运营或使用单位发起的对本单位信息系统进行的风险评估。检查评估是指信息系统上级管理部门组织的或国家有关职能部门依法开展的风险评估。信息安全风险评估应以自评估为主，自评估和检查评估相互结合、互为补充。自评估和检查评估可依托自身技术力量进行，也可委托第三方机构提供技术支持。

信息安全风险评估工作要按照“严密组织、规范操作、讲求科学、注重实效”的原则开展。要重视和加强对信息安全风险评估工作的组织领导，完善相应的评估制度，形成预防为主、持续改进的信息安全风险评估机制。开展信息安全风险评估工作要遵循国家相关法规和信息安全管理工作的规章，参照相关标准规范及评估流程，切实把握好关键环节和评估步骤，保证信息安全风险评估工作的科学性、规范性和客观性。涉及国家秘密的信息系统的信息安全风险评估工作，必须遵循党和国家有关保密规定的要求。

二、信息安全风险评估工作的基本要求

信息安全风险评估作为信息安全保障工作的基础性工作和重要环节，应贯穿于网络和信息系统建设运行的全过程。在网络与信息系统的设计、验收及运行维护阶段均应当进行信息安全风险评估。

在网络与信息系统规划设计阶段，应通过信息安全风险评估进一步明确安全需求和安全目标；在网络与信息系统验收阶段，应通过信息安全风险评估验证已设计安装的安全措施能否实现安全目标；在网络与信息系统运行维护阶段，应定期进行信息安全风险评估工作，检验安全措施的有效性及对安全环境变化的适应性，以保障安全目标的实现。当安全形势发生重大变化或网络与信息系统使命有重大变更时，应及时进行信息安全风险评估。

要将开展信息安全风险评估作为提高信息安全管理水平的重要方法和措施。要加强网络与信息系统规划设计阶段的信息安全风险评估，避免安全建设的盲目性。网络与信息系统的拥有、运营、使用单位要将开展信息安全风险评估工作制度化，定期组织实施网络与信息系统自评估，并积极配合有关部门的检查评估。有关部门要将开展信息安全风险评估

作为基础信息网络和重要信息系统规划、建设和落实等级保护工作要求的重要内容，并对有关经费予以保障。

信息安全风险评估工作敏感性强，涉及网络与信息系统的关键资产和核心信息，网络与信息系统的拥有、运营、使用单位和主管部门要按照“谁主管谁负责，谁运营谁负责”的原则，切实负起严格管理的责任。参与信息安全风险评估工作的单位及其有关人员均应遵守国家有关信息安全和保密的法律法规，并承担相应的责任和义务。信息安全风险评估工作可能涉及个人隐私、工作或商业敏感信息，甚至国家秘密信息，风险评估工作的发起方必须与参与评估的有关单位或人员签订具有法律约束力的保密协议。

国家基础信息网络和关系国计民生的重要信息系统的信息安全风险评估工作，应按有关规定进行。

三、开展信息安全风险评估工作的有关安排

加强信息安全风险评估的基础性工作。要加快制定和完善信息安全风险评估有关技术标准，尽快完善并颁布《信息安全风险评估指南》和《信息安全风险管理指南》等国家标准。各行业主管部门也可根据本行业特点制定相应的技术规范。重视信息安全风险评估核心技术、方法和工具的研究与攻关，积极开展信息安全风险评估的培训与交流。抓紧研究制定有关信息安全服务资质的管理办法。加强信息安全风险意识的宣传教育，加快培养信息安全风险评估的专门人才。

加强信息安全风险评估工作的组织领导。各信息化和信息安全主管部门要充分认识风险评估工作对于提高信息安全管理水平的重要意义，高度重视对风险评估工作的组织领导，切实加强对风险评估工作的管理，抓紧制定贯彻落实的办法，积极稳妥地推进。要从抓试点开始，逐步探索组织实施和管理的经验，用三年左右的时间在我国基础信息网络和重要信息系统普遍推行信息安全风险评估工作，全面提高我国信息安全的科学管理水平，提升网络与信息系统安全保障能力，为保障和促进我国信息化发展服务。

2.《关于加强国家电子政务工程建设项目信息安全风险评估工作的通知》

《关于加强国家电子政务工程建设项目信息安全风险评估工作的通知》

（国家发改委、公安部、国家保密局于2008年8月6日联合发布，发改高技〔2008〕2071号）

中央和国家机关各部委，国务院各直属机构、办事机构、事业单位，各省、自治区、直辖市及计划单列市、新疆生产建设兵团发展改革委、公安厅、保密局：

为了贯彻落实《国家信息化领导小组关于加强信息安全保障工作的意见》（中办发〔2003〕27 号），加强基础信息网络和重要信息系统安全保障，按照《国家电子政务工程建设项目管理暂行办法》（国家发展和改革委员会令〔2007〕第 55 号）的有关规定，加强和规范国家电子政务工程建设项目信息安全风险评估工作，现就有关事项通知如下：

一、国家的电子政务网络、重点业务信息系统、基础信息库以及相关支撑体系等国家电子政务工程建设项目（以下简称电子政务项目），应开展信息安全风险评估工作。

二、电子政务项目信息安全风险评估的主要内容包括：分析信息系统资产的重要程度，评估信息系统面临的安全威胁、存在的脆弱性、已有的安全措施和残余风险的影响等。

三、电子政务项目信息安全风险评估工作按照涉及国家秘密的信息系统（以下简称涉密信息系统）和非涉密信息系统两部分组织开展。

四、涉密信息系统的信息安全风险评估应按照《涉及国家秘密的信息系统分级保护管理办法》、《涉及国家秘密的信息系统审批管理规定》、《涉及国家秘密的信息系统分级保护测评指南》等国家有关保密规定和标准，进行系统测评并履行审批手续。

五、非涉密信息系统的信息安全风险评估应按照《信息安全等级保护管理办法》、《信息系统安全等级保护定级指南》、《信息系统安全等级保护基本要求》、《信息系统安全等级保护实施指南》和《信息安全风险评估规范》等有关要求，可委托同一专业测评机构完成等级测评和风险评估工作，并形成等级测评报告和风险评估报告。等级测评报告参照公安部门制订的格式编制，风险评估报告参考《国家电子政务工程建设项目非涉密信息系统信息安全风险评估报告格式》（见附件）编制。

六、电子政务项目涉密信息系统的信息安全风险评估，由国家保密局涉密信息系统安全保密测评中心承担。非涉密信息系统的信息安全风险评估，由国家信息技术安全研究中心、中国信息安全测评中心、公安部信息安全等级保护评估中心等三家专业测评机构承担。

七、项目建设单位应在项目建设任务完成后试运行期间，组织开展该项目的信息安全风险评估工作，并形成相关文档，该文档应作为项目验收的重要内容。

八、项目建设单位向审批部门提出项目竣工验收申请时，应提交该项目信息安全风险评估相关文档。主要包括：《涉及国家秘密的信息系统使用许可证》和《涉及国家秘密的信息系统检测评估报告》，非涉密信息系统安全保护等级备案证明，以及相应的安全等级测评报告和信息安全风险评估报告等。

九、电子政务项目信息安全风险评估经费计入该项目总投资。

十、电子政务项目投入运行后，项目建设单位应定期开展信息安全风险评估，检验信息系统对安全环境变化的适应性及安全措施的有效性，保障信息系统的安全可靠。

十一、中央和地方共建电子政务项目中的地方建设部分信息安全风险评估工作参照本通知执行。

11.4.2 工控安全相关政策

《关于加强工业控制系统信息安全管理的通知》

（工信部协〔2011〕451号）

各省、自治区、直辖市人民政府，国务院有关部门，有关国有大型企业：

工业控制系统信息安全事关工业生产运行、国家经济安全和人民生命财产安全，为切实加强工业控制系统信息安全管理，经国务院同意，现就有关事项通知如下：

一、充分认识加强工业控制系统信息安全管理的重要性和紧迫性

数据采集与监控（SCADA）、分布式控制系统（DCS）、过程控制系统（PCS）、可编程逻辑控制器（PLC）等工业控制系统广泛运用于工业、能源、交通、水利以及市政等领域，用于控制生产设备的运行。一旦工业控制系统信息安全出现漏洞，将对工业生产运行和国家经济安全造成重大隐患。随着计算机和网络技术的发展，特别是信息化与工业化深度融合以及物联网的快速发展，工业控制系统产品越来越多地采用通用协议、通用硬件和通用软件，以各种方式与互联网等公共网络连接，病毒、木马等威胁正在向工业控制系统扩散，工业控制系统信息安全问题日益突出。2010年发生的“震网”病毒事件，充分反映出工业控制系统信息安全面临着严峻的形势。与此同时，我国工业控制系统信息安全管理工作中仍存在不少问题，主要是对工业控制系统信息安全问题重视不够，管理制度不健全，相关标准规范缺失，技术防护措施不到位，安全防护能力和应急处置能力不高等，威胁着工业生产安全和社会正常运转。对此，各地区、各部门、各单位务必高度重视，增强风险意识、责任意识和紧迫感，切实加强工业控制系统信息安全管理。

二、明确重点领域工业控制系统信息安全管理要求

加强工业控制系统信息安全管理的重点领域包括核设施、钢铁、有色、化工、石油石化、电力、天然气、先进制造、水利枢纽、环境保护、铁路、城市轨道交通、民航、城市

供水供气供热以及其他与国计民生紧密相关的领域。各地区、各部门、各单位要结合实际，明确加强工业控制系统信息安全管理的重点领域和重点环节，切实落实以下要求。

（一）连接管理要求。

1. 断开工业控制系统同公共网络之间的所有不必要连接。

2. 对确实需要的连接，系统运营单位要逐一进行登记，采取设置防火墙、单向隔离等措施加以防护，并定期进行风险评估，不断完善防范措施。

3. 严格控制在工业控制系统和公共网络之间交叉使用移动存储介质以及便携式计算机。

（二）组网管理要求。

1. 工业控制系统组网时要同步规划、同步建设、同步运行安全防护措施。

2. 采取虚拟专用网络（VPN）、线路冗余备份、数据加密等措施，加强对关键工业控制系统远程通信的保护。

3. 对无线组网采取严格的身份认证、安全监测等防护措施，防止经无线网络进行恶意入侵，尤其要防止通过侵入远程终端单元（RTU）进而控制部分或整个工业控制系统。

（三）配置管理要求。

1. 建立控制服务器等工业控制系统关键设备安全配置和审计制度。

2. 严格账户管理，根据工作需要合理分类设置账户权限。

3. 严格口令管理，及时更改产品安装时的预设口令，杜绝弱口令、空口令。

4. 定期对账户、口令、端口、服务等进行检查，及时清理不必要的用户和管理员账户，停止无用的后台程序和进程，关闭无关的端口和服务。

（四）设备选择与升级管理要求。

1. 慎重选择工业控制系统设备，在供货合同中或以其他方式明确供应商应承担的信息安全责任和义务，确保产品安全可控。

2. 加强对技术服务的信息安全管理，在安全得不到保证的情况下禁止采取远程在线服务。

3. 密切关注产品漏洞和补丁发布，严格软件升级、补丁安装管理，严防病毒、木马等恶意代码侵入。关键工业控制系统软件升级、补丁安装前要请专业技术机构进行安全评估和验证。

（五）数据管理要求。

地理、矿产、原材料等国家基础数据以及其他重要敏感数据的采集、传输、存储、利用等，要采取访问权限控制、数据加密、安全审计、灾难备份等措施加以保护，切实维护个人权益、企业利益和国家信息资源安全。

（六）应急管理要求。

制定工业控制系统信息安全应急预案，明确应急处置流程和临机处置权限，落实应急技术支撑队伍，根据实际情况采取必要的备机备件等容灾备份措施。

三、建立工业控制系统安全测评检查和漏洞发布制度

（一）加强重点领域工业控制系统关键设备的信息安全测评工作。全国信息安全标准化技术委员会抓紧制定工业控制系统关键设备信息安全规范和技术标准，明确设备安全技术要求。重点领域的有关单位要请专业技术机构对所使用的工业控制系统关键设备进行安全测评，检测安全漏洞，评估安全风险。工业和信息化部会同有关部门对重点领域使用的工业控制系统关键设备进行抽检。

（二）建立工业控制系统信息安全检查制度。工业控制系统运营单位要从实际出发，定期组织开展信息安全检查，排查安全隐患，堵塞安全漏洞。工业和信息化部适时组织专业技术力量对重点领域工业控制系统信息安全状况进行抽查，及时通报发现的问题。

（三）建立信息安全漏洞信息发布制度。开展工业控制系统信息安全漏洞信息的收集、汇总和分析研判工作，及时发布有关漏洞、风险和预警信息。

四、进一步加强工业控制系统信息安全工作的组织领导

各地区、各部门、各单位要将工业控制系统信息安全管理作为信息安全工作的重要内容，按照谁主管谁负责、谁运营谁负责、谁使用谁负责的原则，建立健全信息安全责任制。各级政府工业和信息化主管部门要加强对工业控制系统信息安全工作的指导和督促检查。有关行业主管或监管部门、国有资产监督管理部门要加强对重点领域工业控制系统信息安全管理工作的指导监督，结合行业实际制定完善相关规章制度，提出具体要求，并加强督促检查确保落到实处。有关部门要加快推动工业控制系统信息安全防护技术研究和产品研制，加大工业控制系统安全检测技术和工具研发力度。国有大型企业要切实加强工业控制系统信息安全管理的领导，健全工作机制，严格落实责任制，将重要工业控制系统信息安全责任逐一落实到具体部门、岗位和人员，确保领导到位、机构到位、人员到位、措施到位、资金到位。

11.4.3　物联网安全相关政策

《国务院关于推进物联网有序健康发展的指导意见》

（国发〔2013〕7 号）

物联网是新一代信息技术的高度集成和综合运用，具有渗透性强、带动作用大、综合效益好的特点，推进物联网的应用和发展，有利于促进生产生活和社会管理方式向智能化、精细化、网络化方向转变，对于提高国民经济和社会生活信息化水平，提升社会管理和公共服务水平，带动相关学科发展和技术创新能力增强，推动产业结构调整和发展方式转变具有重要意义，我国已将物联网作为战略性新兴产业的一项重要组成内容。目前，在全球范围内物联网正处于起步发展阶段，物联网技术发展和产业应用具有广阔的前景和难得的机遇。经过多年发展，我国在物联网技术研发、标准研制、产业培育和行业应用等方面已初步具备一定基础，但也存在关键核心技术有待突破、产业基础薄弱、网络信息安全存在潜在隐患、一些地方出现盲目建设现象等问题，急需加强引导加快解决。为推进我国物联网有序健康发展，现提出以下指导意见：

一、指导思想、基本原则和发展目标

（一）指导思想。以邓小平理论、“三个代表”重要思想、科学发展观为指导，加强统筹规划，围绕经济社会发展的实际需求，以市场为导向，以企业为主体，以突破关键技术为核心，以推动需求应用为抓手，以培育产业为重点，以保障安全为前提，营造发展环境，创新服务模式，强化标准规范，合理规划布局，加强资源共享，深化军民融合，打造具有国际竞争力的物联网产业体系，有序推进物联网持续健康发展，为促进经济社会可持续发展作出积极贡献。

（二）基本原则。

统筹协调。准确把握物联网发展的全局性和战略性问题，加强科学规划，统筹推进物联网应用、技术、产业、标准的协调发展。加强部门、行业、地方间的协作协同。统筹好经济发展与国防建设。

创新发展。强化创新基础，提高创新层次，加快推进关键技术研发及产业化，实现产业集聚发展，培育壮大骨干企业。拓宽发展思路，创新商业模式，发展新兴服务业。强化创新能力建设，完善公共服务平台，建立以企业为主体、产学研用相结合的技术创新体系。

需求牵引。从促进经济社会发展和维护国家安全的重大需求出发，统筹部署、循序渐进，以重大示范应用为先导，带动物联网关键技术突破和产业规模化发展。在竞争性领域，坚持应用推广的市场化。在社会管理和公共服务领域，积极引入市场机制，增强物联网发展的内生性动力。

有序推进。根据实际需求、产业基础和信息化条件，突出区域特色，有重点、有步骤地推进物联网持续健康发展。加强资源整合协同，提高资源利用效率，避免重复建设。

安全可控。强化安全意识，注重信息系统安全管理和数据保护。加强物联网重大应用和系统的安全测评、风险评估和安全防护工作，保障物联网重大基础设施、重要业务系统和重点领域应用的安全可控。

（三）发展目标。

总体目标。实现物联网在经济社会各领域的广泛应用，掌握物联网关键核心技术，基本形成安全可控、具有国际竞争力的物联网产业体系，成为推动经济社会智能化和可持续发展的重要力量。

近期目标。到2015年，实现物联网在经济社会重要领域的规模示范应用，突破一批核心技术，初步形成物联网产业体系，安全保障能力明显提高。

——协同创新。物联网技术研发水平和创新能力显著提高，感知领域突破核心技术瓶颈，明显缩小与发达国家的差距，网络通信领域与国际先进水平保持同步，信息处理领域的关键技术初步达到国际先进水平。实现技术创新、管理创新和商业模式创新的协同发展。创新资源和要素得到有效汇聚和深度合作。

——示范应用。在工业、农业、节能环保、商贸流通、交通能源、公共安全、社会事业、城市管理、安全生产、国防建设等领域实现物联网试点示范应用，部分领域的规模化应用水平显著提升，培育一批物联网应用服务优势企业。

——产业体系。发展壮大一批骨干企业，培育一批“专、精、特、新”的创新型中小企业，形成一批各具特色的产业集群，打造较完善的物联网产业链，物联网产业体系初步形成。

——标准体系。制定一批物联网发展所急需的基础共性标准、关键技术标准和重点应用标准，初步形成满足物联网规模应用和产业化需求的标准体系。

——安全保障。完善安全等级保护制度，建立健全物联网安全测评、风险评估、安全防范、应急处置等机制，增强物联网基础设施、重大系统、重要信息等的安全保障能力，形成系统安全可用、数据安全可信的物联网应用系统。

二、主要任务

（一）加快技术研发，突破产业瓶颈。以掌握原理实现突破性技术创新为目标，把握技术发展方向，围绕应用和产业急需，明确发展重点，加强低成本、低功耗、高精度、高可靠、智能化传感器的研发与产业化，着力突破物联网核心芯片、软件、仪器仪表等基础共性技术，加快传感器网络、智能终端、大数据处理、智能分析、服务集成等关键技术研发创新，推进物联网与新一代移动通信、云计算、下一代互联网、卫星通信等技术的融合发展。充分利用和整合现有创新资源，形成一批物联网技术研发实验室、工程中心、企业技术中心，促进应用单位与相关技术、产品和服务提供商的合作，加强协同攻关，突破产业发展瓶颈。

（二）推动应用示范，促进经济发展。对工业、农业、商贸流通、节能环保、安全生产等重要领域和交通、能源、水利等重要基础设施，围绕生产制造、商贸流通、物流配送和经营管理流程，推动物联网技术的集成应用，抓好一批效果突出、带动性强、关联度高的典型应用示范工程。积极利用物联网技术改造传统产业，推进精细化管理和科学决策，提升生产和运行效率，推进节能减排，保障安全生产，创新发展模式，促进产业升级。

（三）改善社会管理，提升公共服务。在公共安全、社会保障、医疗卫生、城市管理、民生服务等领域，围绕管理模式和服务模式创新，实施物联网典型应用示范工程，构建更加便捷高效和安全可靠的智能化社会管理和公共服务体系。发挥物联网技术优势，促进社会管理和公共服务信息化，扩展和延伸服务范围，提升管理和服务水平，提高人民生活质量。

（四）突出区域特色，科学有序发展。引导和督促地方根据自身条件合理确定物联网发展定位，结合科研能力、应用基础、产业园区等特点和优势，科学谋划，因地制宜，有序推进物联网发展，信息化和信息产业基础较好的地区要强化物联网技术研发、产业化及示范应用，信息化和信息产业基础较弱的地区侧重推广成熟的物联网应用。加快推进无锡国家传感网创新示范区建设。应用物联网等新一代信息技术建设智慧城市，要加强统筹、注重效果、突出特色。

（五）加强总体设计，完善标准体系。强化统筹协作，依托跨部门、跨行业的标准化协作机制，协调推进物联网标准体系建设。按照急用先立、共性先立原则，加快编码标识、接口、数据、信息安全等基础共性标准、关键技术标准和重点应用标准的研究制定。推动军民融合标准化工作，开展军民通用标准研制。鼓励和支持国内机构积极参与国际标准化工作，提升自主技术标准的国际话语权。

（六）壮大核心产业，提高支撑能力。加快物联网关键核心产业发展，提升感知识别制造产业发展水平，构建完善的物联网通信网络制造及服务产业链，发展物联网应用及软件等相关产业。大力培育具有国际竞争力的物联网骨干企业，积极发展创新型中小企业，建设特色产业基地和产业园区，不断完善产业公共服务体系，形成具有较强竞争力的物联网产业集群。强化产业培育与应用示范的结合，鼓励和支持设备制造、软件开发、服务集成等企业及科研单位参与应用示范工程建设。

（七）创新商业模式，培育新兴业态。积极探索物联网产业链上下游协作共赢的新型商业模式。大力支持企业发展有利于扩大市场需求的物联网专业服务和增值服务，推进应用服务的市场化，带动服务外包产业发展，培育新兴服务产业。鼓励和支持电信运营、信息服务、系统集成等企业参与物联网应用示范工程的运营和推广。

（八）加强防护管理，保障信息安全。提高物联网信息安全管理与数据保护水平，加强信息安全技术的研发，推进信息安全保障体系建设，建立健全监督、检查和安全评估机制，有效保障物联网信息采集、传输、处理、应用等各环节的安全可控。涉及国家公共安全和基础设施的重要物联网应用，其系统解决方案、核心设备以及运营服务必须立足于安全可控。

（九）强化资源整合，促进协同共享。充分利用现有公共通信和网络基础设施开展物联网应用。促进信息系统间的互联互通、资源共享和业务协同，避免形成新的信息孤岛。重视信息资源的智能分析和综合利用，避免重数据采集、轻数据处理和综合应用。加强对物联网建设项目的投资效益分析和风险评估，避免重复建设和不合理投资。

三、保障措施

（一）加强统筹协调形成发展合力。建立健全部门、行业、区域、军地之间的物联网发展统筹协调机制，充分发挥物联网发展部际联席会议制度的作用，研究重大问题，协调制定政策措施和行动计划，加强应用推广、技术研发、标准制定、产业链构建、基础设施建设、信息安全保障、无线频谱资源分配利用等的统筹，形成资源共享、协同推进的工作格局和各环节相互支撑、相互促进的协同发展效应。加强物联网相关规划、科技重大专项、产业化专项等的衔接协调，合理布局物联网重大应用示范和产业化项目，强化产业链配套和区域分工合作。

（二）营造良好发展环境。建立健全有利于物联网应用推广、创新激励、有序竞争的政策体系，抓紧推动制定完善信息安全与隐私保护等方面的法律法规。建立鼓励多元资本公平进入的市场准入机制。加快物联网相关标准、检测、认证等公共服务平台建设，完善支撑服务体系。加强知识产权保护，积极开展物联网相关技术的知识产权分析评议，加快推进物联网相关专利布局。

（三）加强财税政策扶持。加大中央财政支持力度，充分发挥国家科技计划、科技重大专项的作用，统筹利用好战略性新兴产业发展专项资金、物联网发展专项资金等支持政策，集中力量推进物联网关键核心技术研发和产业化，大力支持标准体系、创新能力平台、重大应用示范工程等建设。支持符合现行软件和集成电路税收优惠政策条件的物联网企业按规定享受相关税收优惠政策，经认定为高新技术企业的物联网企业按规定享受相关所得税优惠政策。

（四）完善投融资政策。鼓励金融资本、风险投资及民间资本投向物联网应用和产业发展。加快建立包括财政出资和社会资金投入在内的多层次担保体系，加大对物联网企业的融资担保支持力度。对技术先进、优势明显、带动和支撑作用强的重大物联网项目优先给予信贷支持。积极支持符合条件的物联网企业在海内外资本市场直接融资。鼓励设立物联网股权投资基金，通过国家新兴产业创投计划设立一批物联网创业投资基金。

（五）提升国际合作水平。积极推进物联网技术交流与合作，充分利用国际创新资源。鼓励国外企业在我国设立物联网研发机构，引导外资投向物联网产业。立足于提升我国物联网应用水平和产业核心竞争力，引导国内企业与国际优势企业加强物联网关键技术和产品的研发合作。支持国内企业参与物联网全球市场竞争，推动我国自主技术和标准走出去，鼓励企业和科研单位参与国际标准制定。

（六）加强人才队伍建设。建立多层次多类型的物联网人才培养和服务体系。支持相关高校和科研院所加强多学科交叉整合，加快培养物联网相关专业人才。依托国家重大专项、科技计划、示范工程和重点企业，培养物联网高层次人才和领军人才。加快引进物联网高层次人才，完善配套服务，鼓励海外专业人才回国或来华创业。

各地区、各部门要按照本意见的要求，进一步深化对发展物联网重要意义的认识，结合实际，扎实做好相关工作。各部门要按照职责分工，尽快制定具体实施方案、行动计划和配套政策措施，加强沟通协调，抓好任务措施落实，确保取得实效。

参考文献

《信息安全技术 网络安全等级保护基本要求—试行稿》

《等级保护定级指南》（GAT 1389—2017）

《等级保护基本要求—云计算安全扩展要求》（GAT 1390.2—2017）

《等级保护基本要求—移动互联安全扩展要求》（GAT 1390.3—2017）

《中华人民共和国网络安全法》

《国家网络安全事件应急预案》

《信息安全事件分类分级指南》（GB/Z 20986—2007）

《信息安全事件管理指南》（GB/Z 20985—2007）

《数据中心设计规范》（GB 50174—2017）

《信息技术—安全技术—信息安全管理体系要求》（GB/T 22080—2008）

《信息技术—安全技术—信息安全管理实施细则》（GB/T 22081—2008）

《ISO/IEC 27001：2013》